1896–1910

rosenheimer raritäten

Barbara Müller

JUGENDSTIL

Kreuzstichmuster

rosenheimer

René Lalique, Gustav Klimt, Louis Tiffany, Hermann Obrist, Richard Riemerschmid, Ivan Bilibin – wer kennt diese großen Künstler des Jugendstils nicht?! Auf der ganzen Welt finden Ausstellungen mit Ihren Werken statt, in denen die Vielfalt dieser bedeutenden Kunstepoche dargeboten wird.

Der Jugendstil ist eng an die Natur gebunden. Pflanzen und Blütenformen, gerade auch in ihrer Bewegung, waren das „große Neue" (und Alte), das diese Künstler inspirierte. Die gegenwärtige neue Wertschätzung dieser Kunst der Jahrhundertwende hat wohl darin ihren Grund, daß uns inzwischen der Bezug zur Natur weitgehend abhanden gekommen ist. Im Jugendstil geschaffene Blumen lehren uns, die Pflanzenwelt wieder mit ganz anderen Augen zu sehen.

Ein zweiter Grund mag in der oft abschreckenden Häßlichkeit der Gegenstände unseres täglichen Lebens liegen. Fast alles ist auf reine Funktionalität ausgerichtet. Die Künstler der Jugendstilepoche sahen mit dem Beginn der Industrialisierung die Anfänge dieser Unkultur kommen. Sie entwarfen deshalb Möbel, Lampen, Geschirr, Schmuck, Stoffe und viele Dinge mehr, welche das Alltagsleben verschönern sollten. Die Einzigartigkeit dieser Gegenstände liegt im wahrsten Sinne des Wortes in der Handarbeit und nicht in der Massenproduktion. Aber Sachen, die wir heute als schön und unvergänglich betrachten, waren schon immer Handarbeit!

Wir Heutigen benötigen, vielleicht dringlicher als alle Generationen vor uns, eine Verschönerung der Objektwelt. Natürlich kann sich kaum jemand eine echte Tiffany Lampe leisten oder einen Schreibtisch, den Riemerschmid gebaut hat. Aber die Farbseiten in diesem Buch geben immerhin kleine Anregungen, was mit einfachen Mitteln geschehen kann, um den Umgang mit selbstverständlichen Dingen des Alltags zu einer Freude werden zu lassen. Dabei brauchen Sie gar kein Künstler oder Spezialist zu sein, um zum Beispiel das jeden Tag benützte Handtuch zu verschönern. Machen Sie einmal einen Versuch!

Barbara Müller

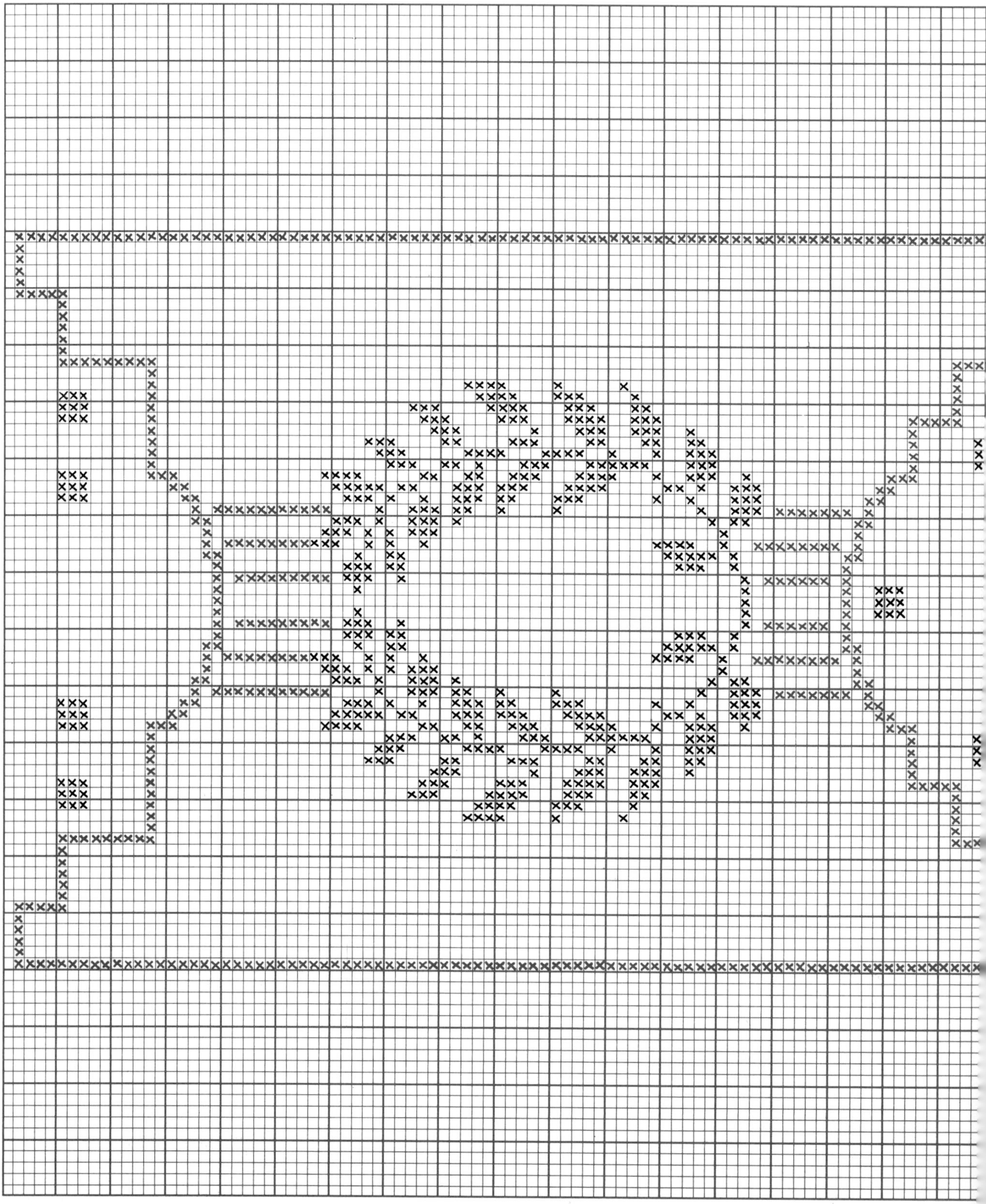

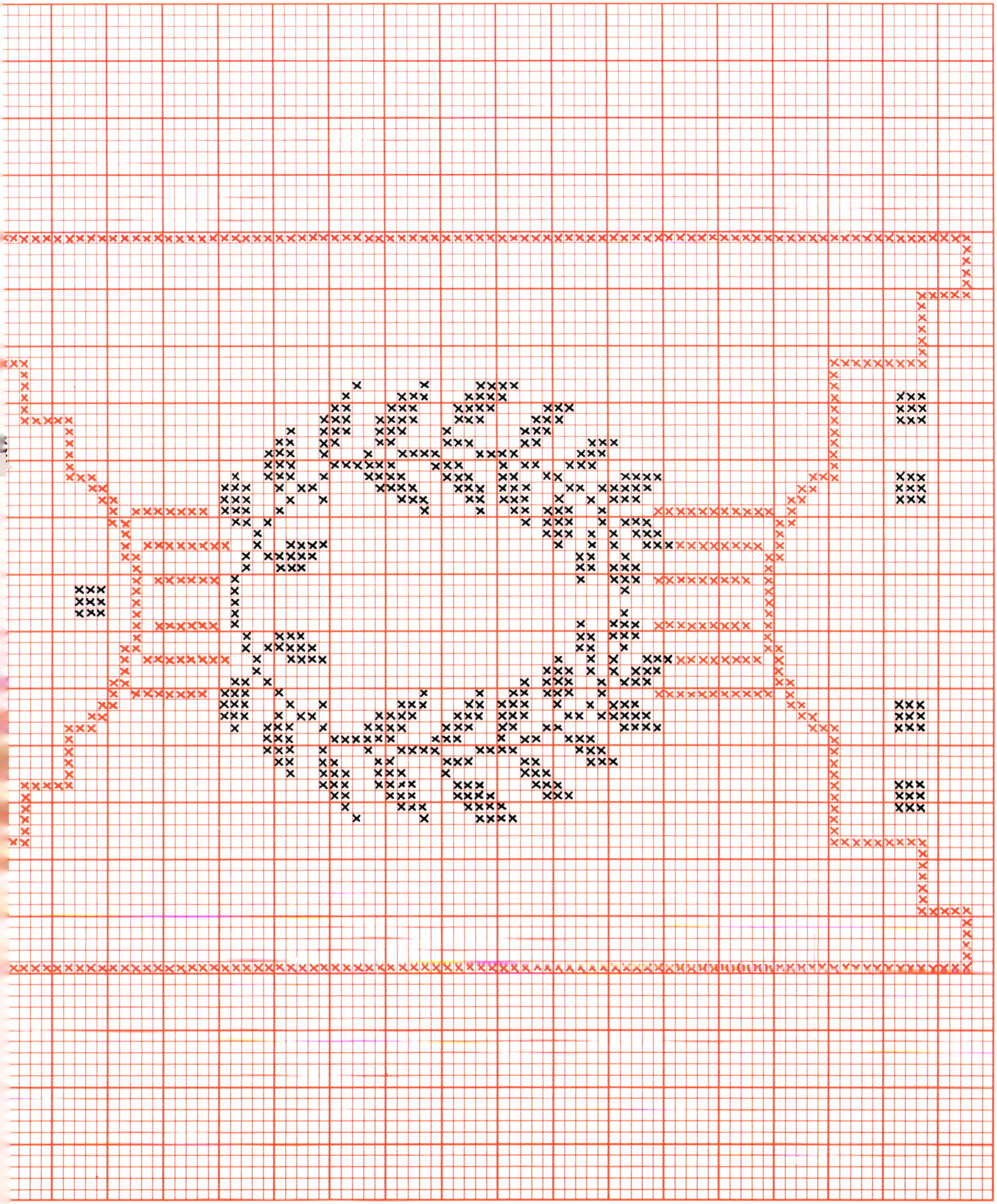

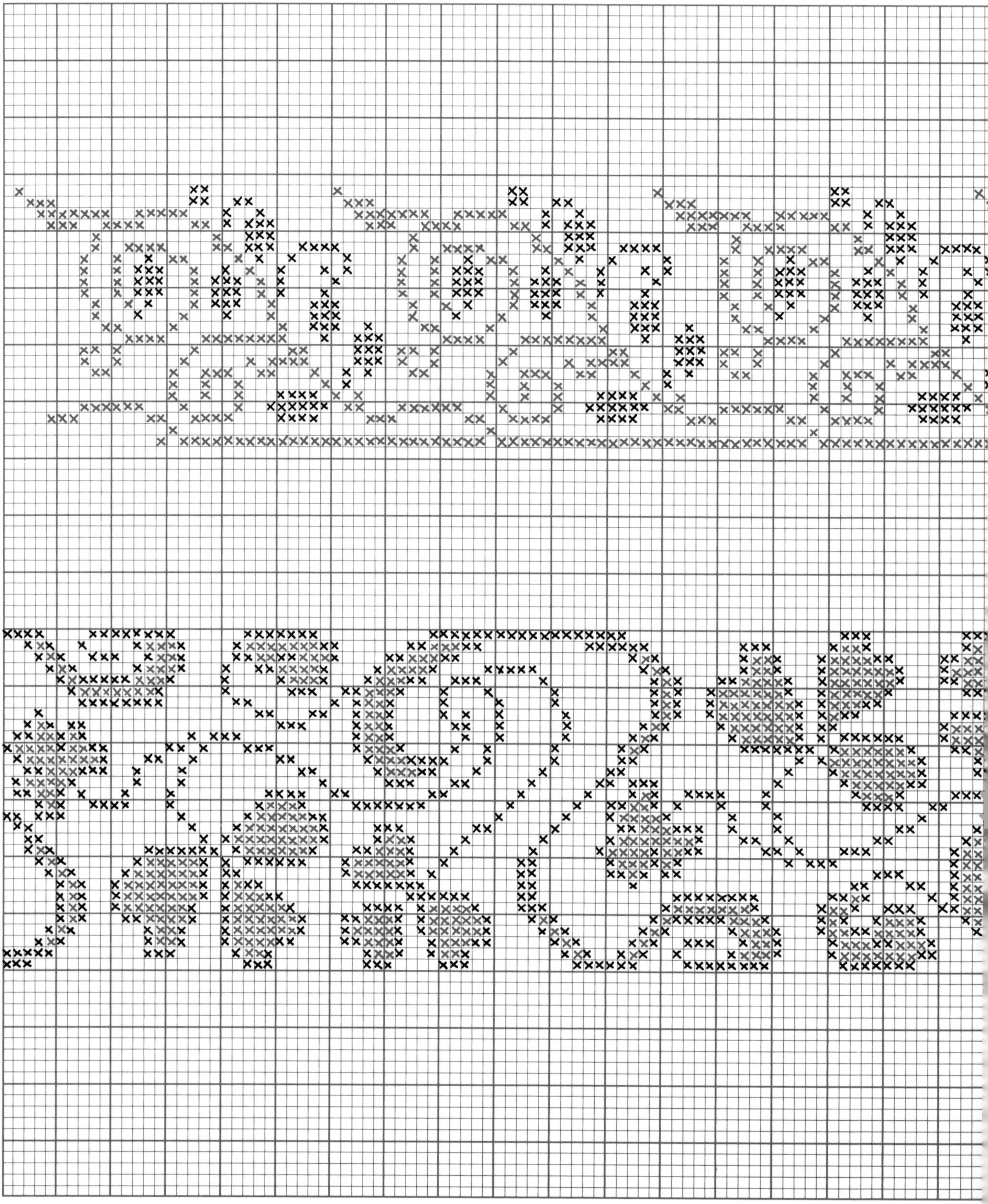

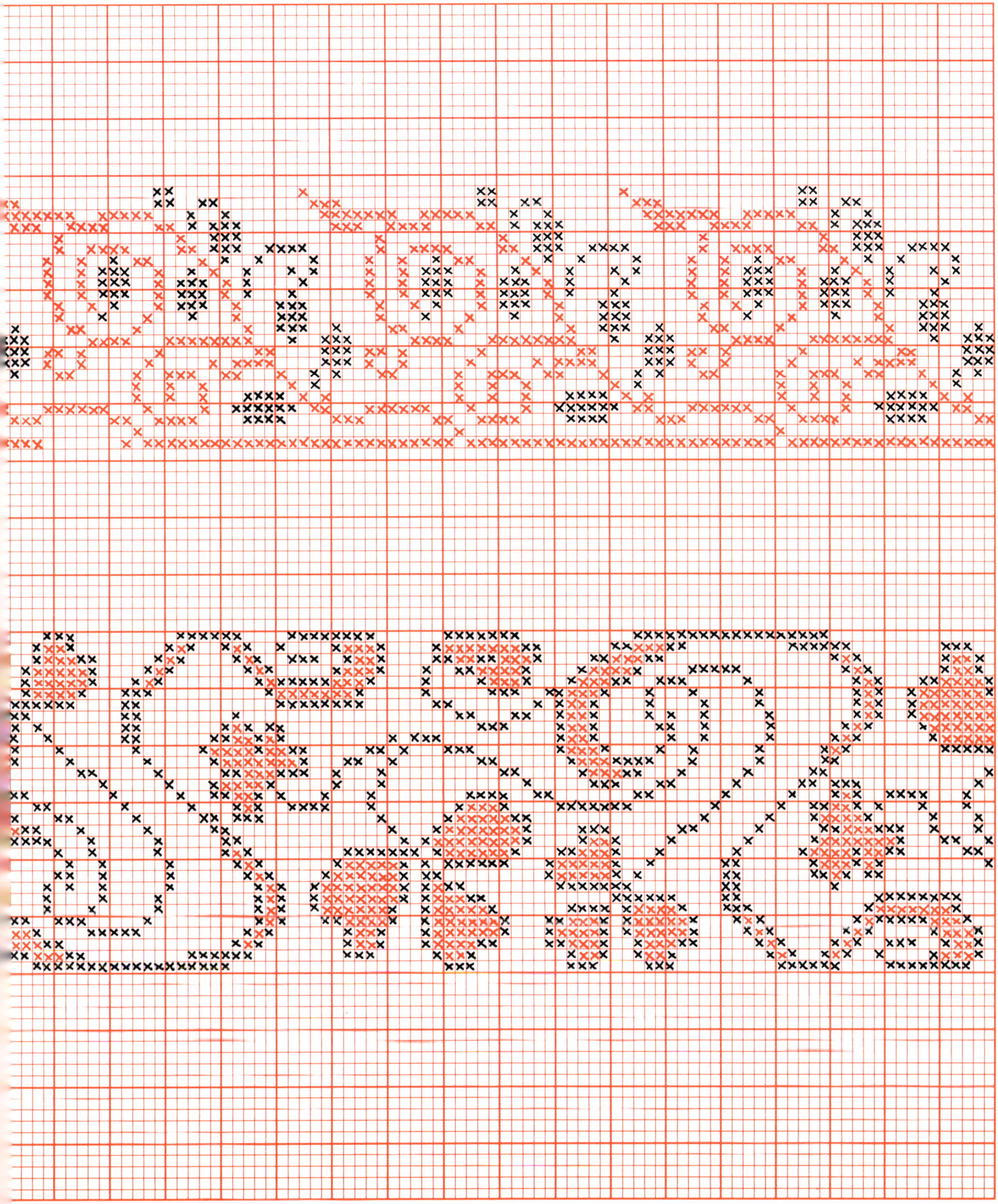

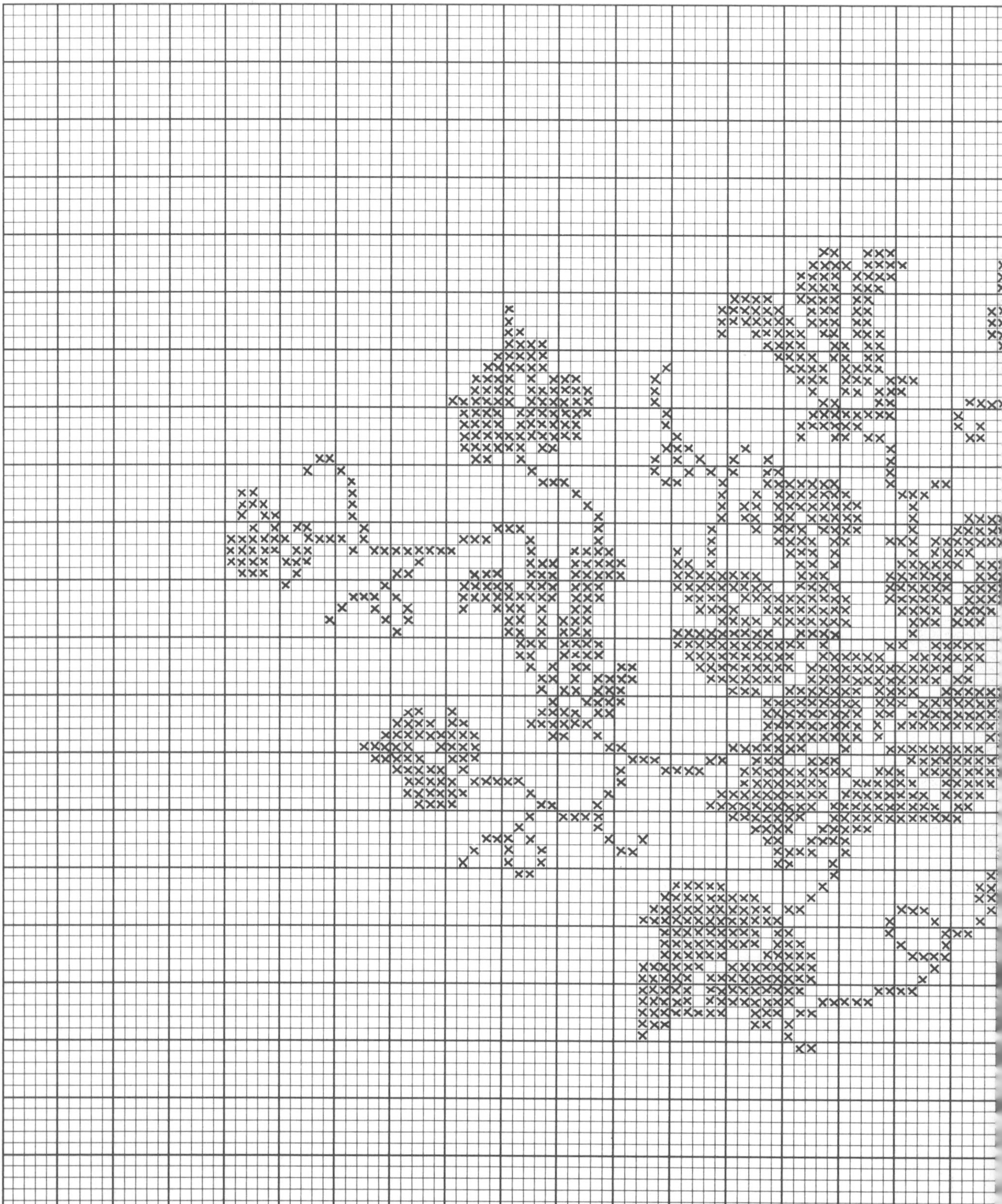

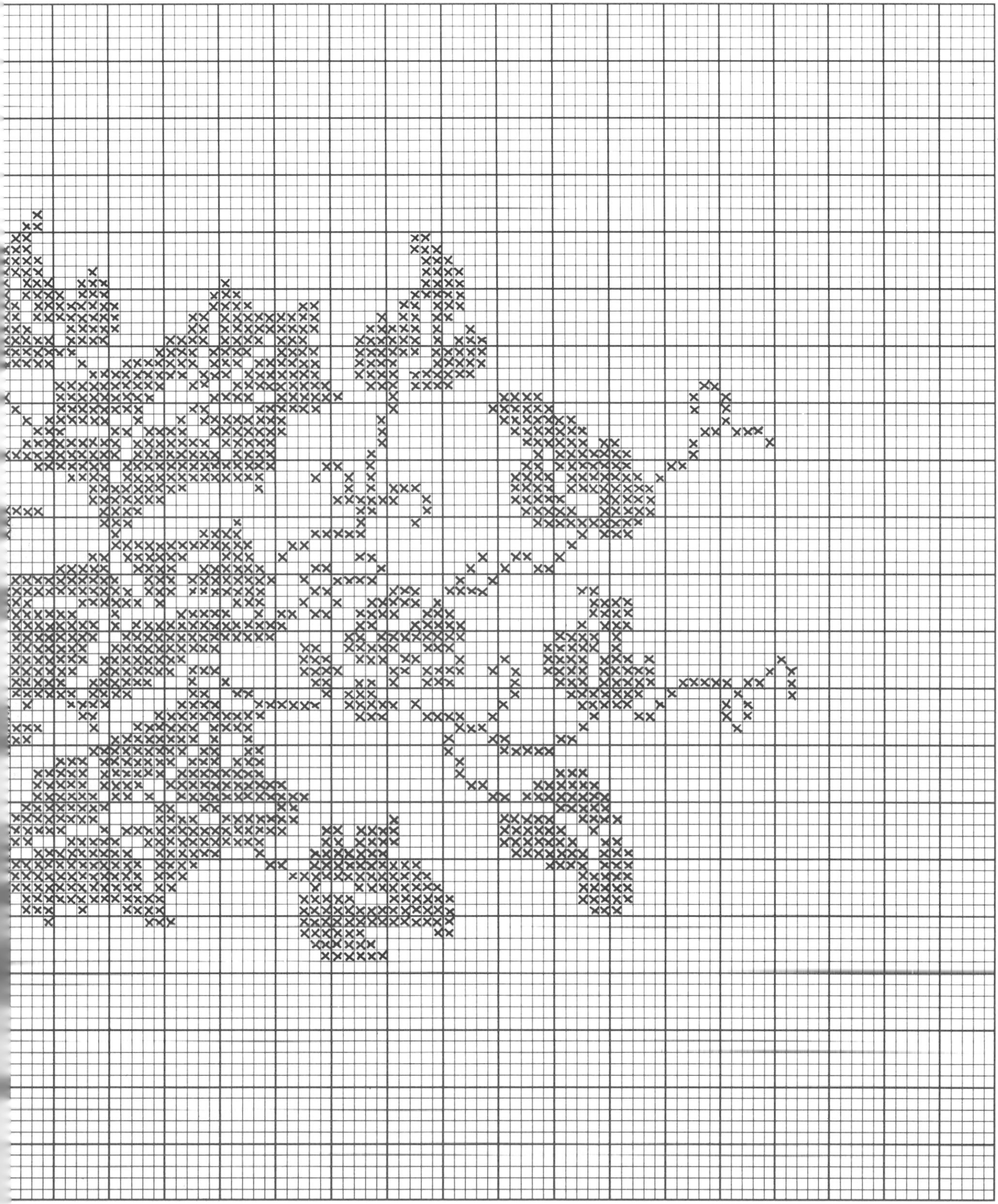

Souvenir

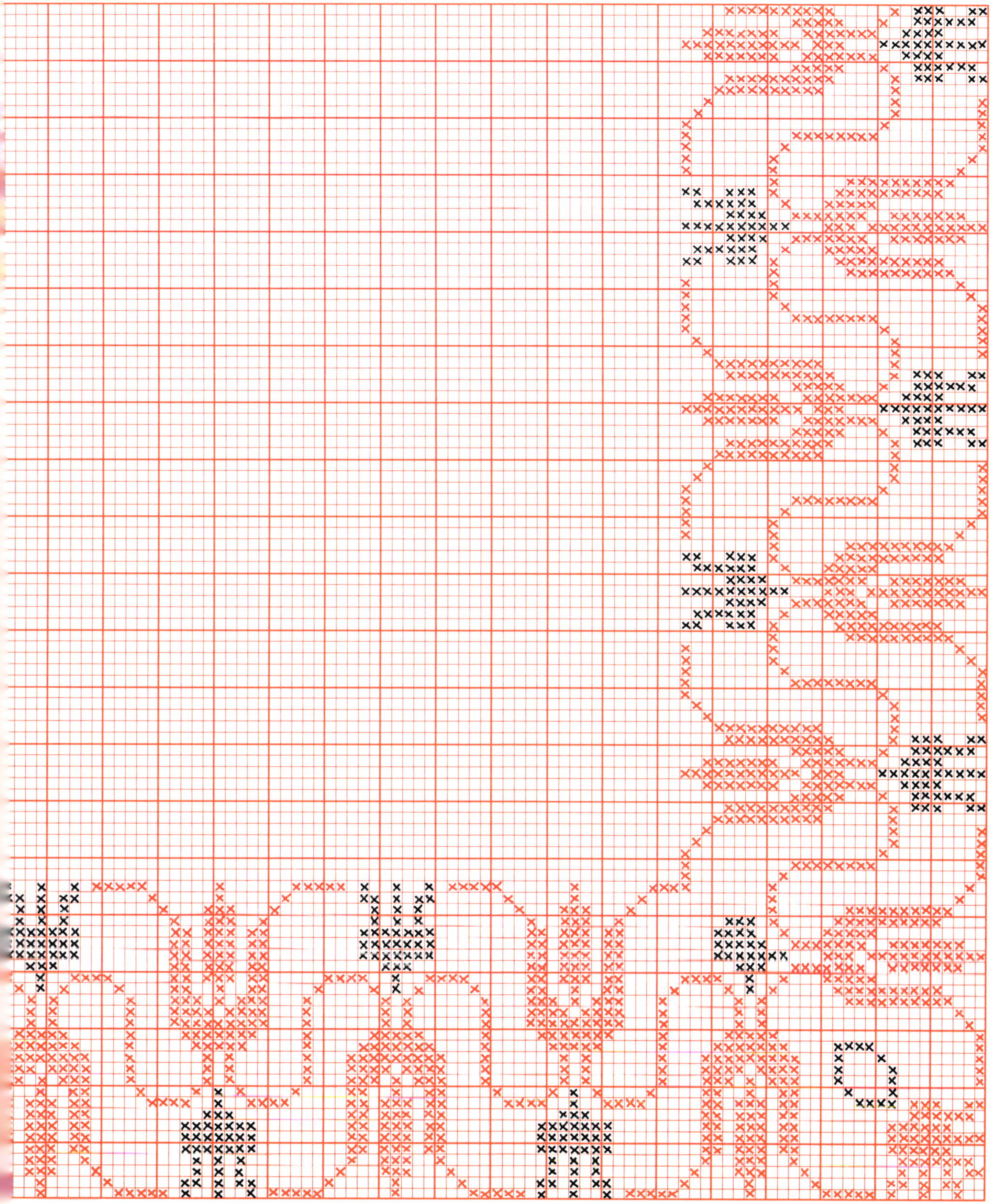

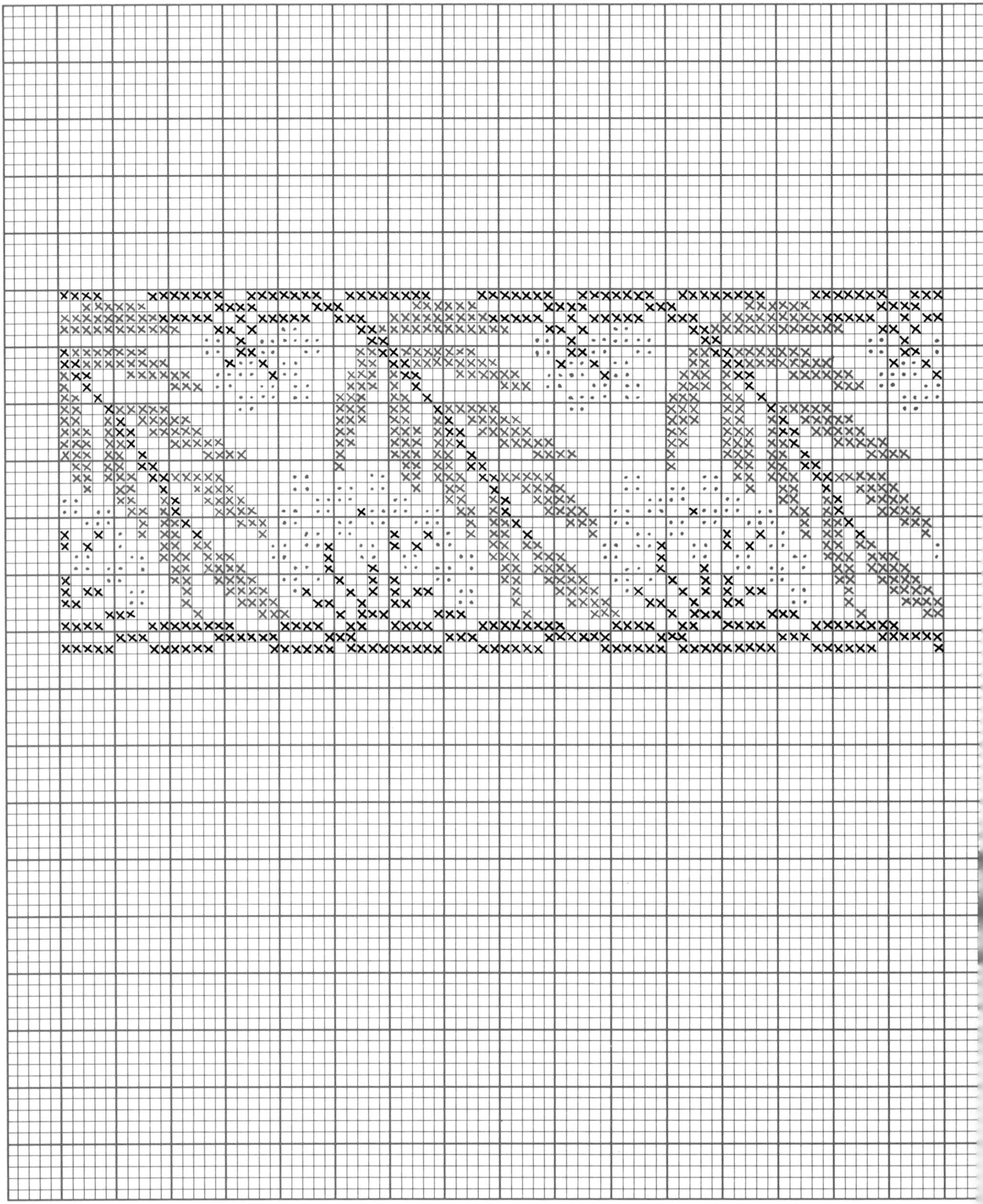

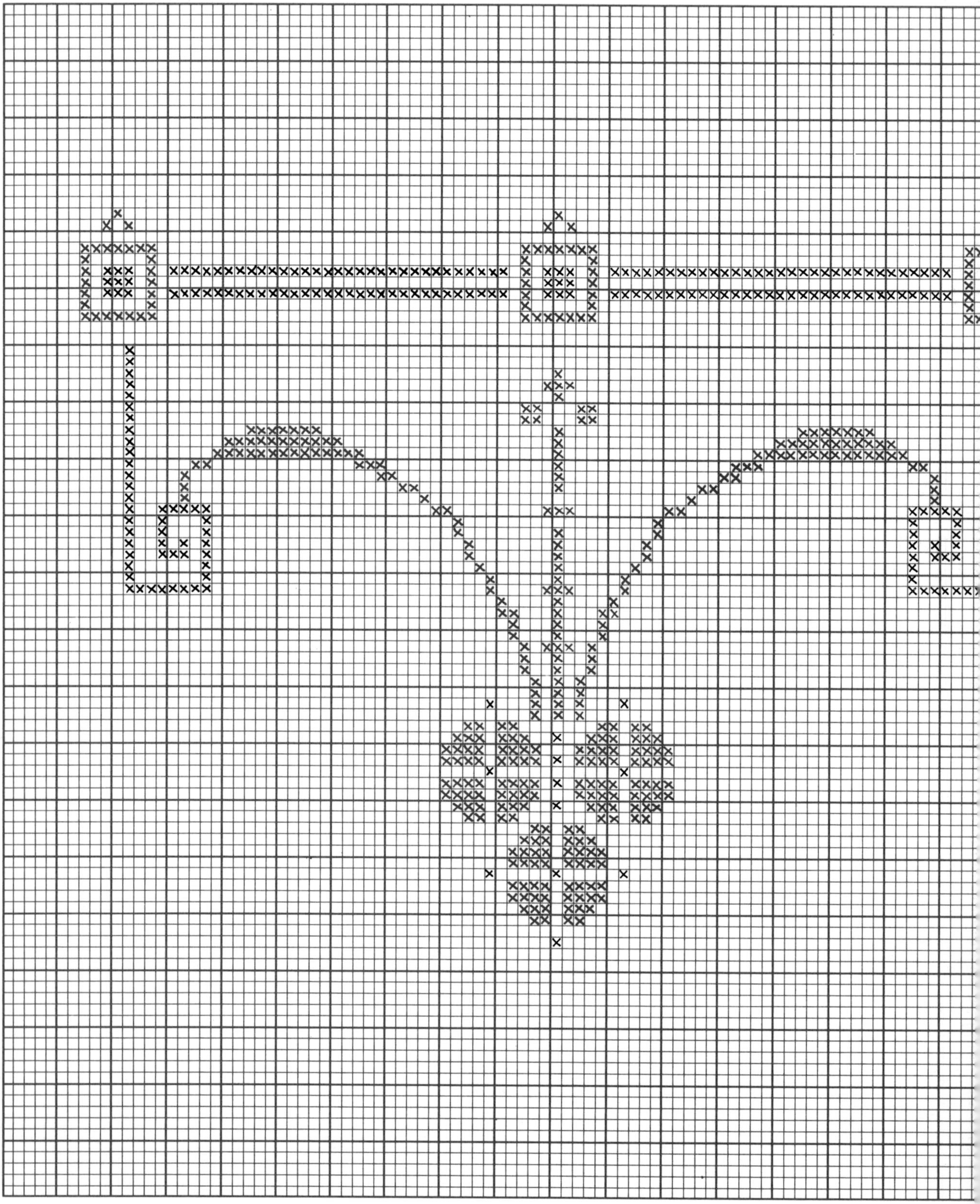

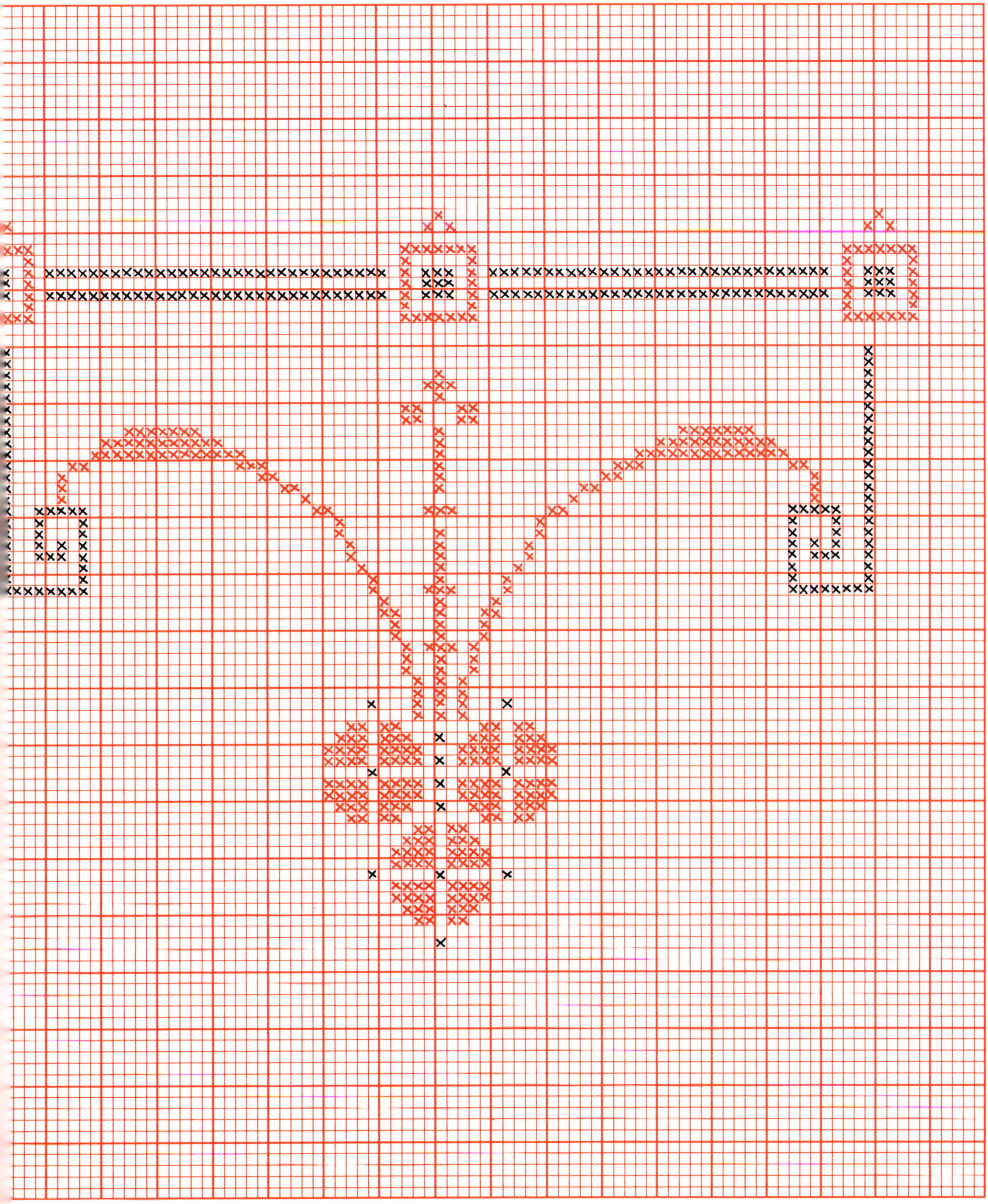

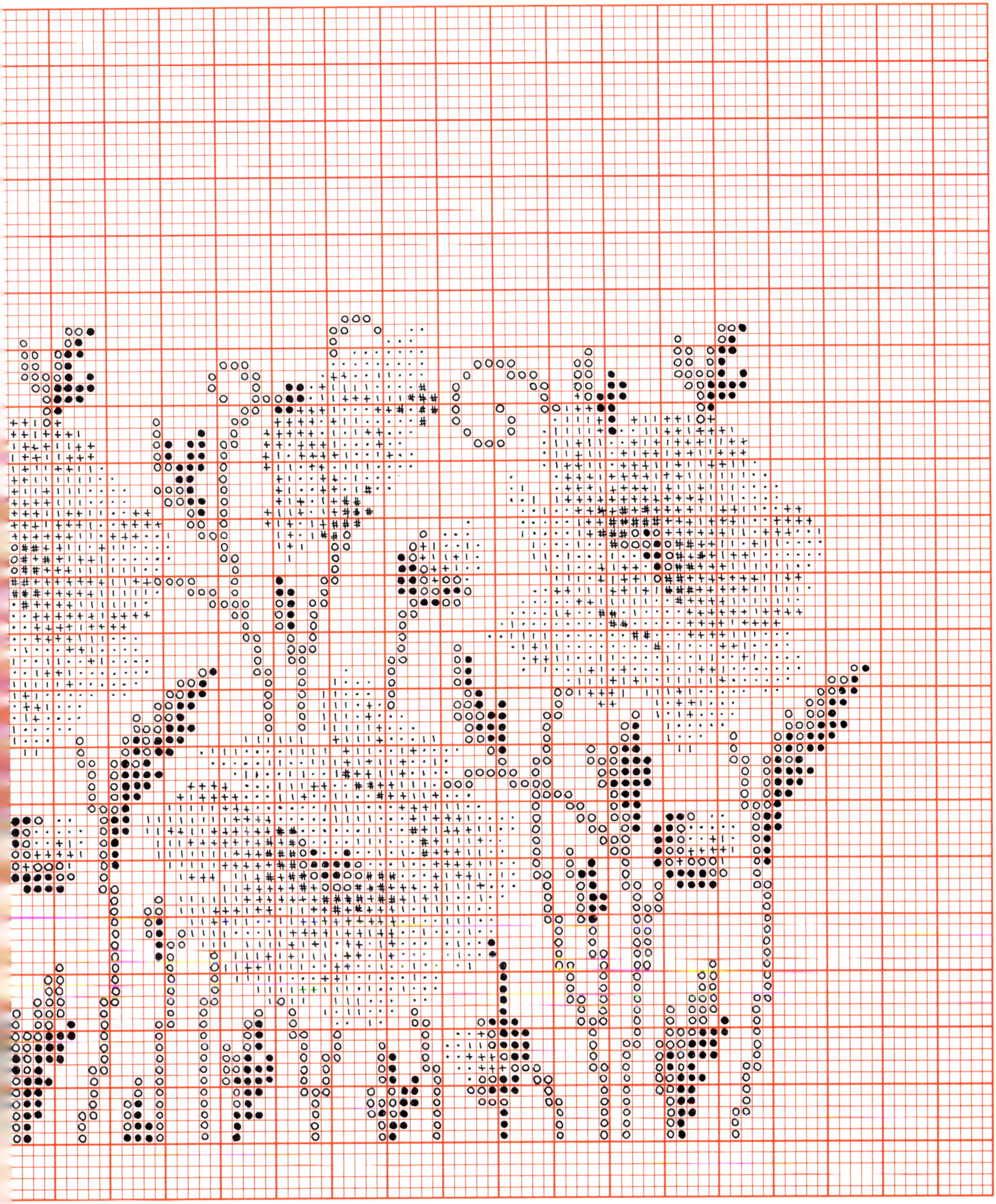

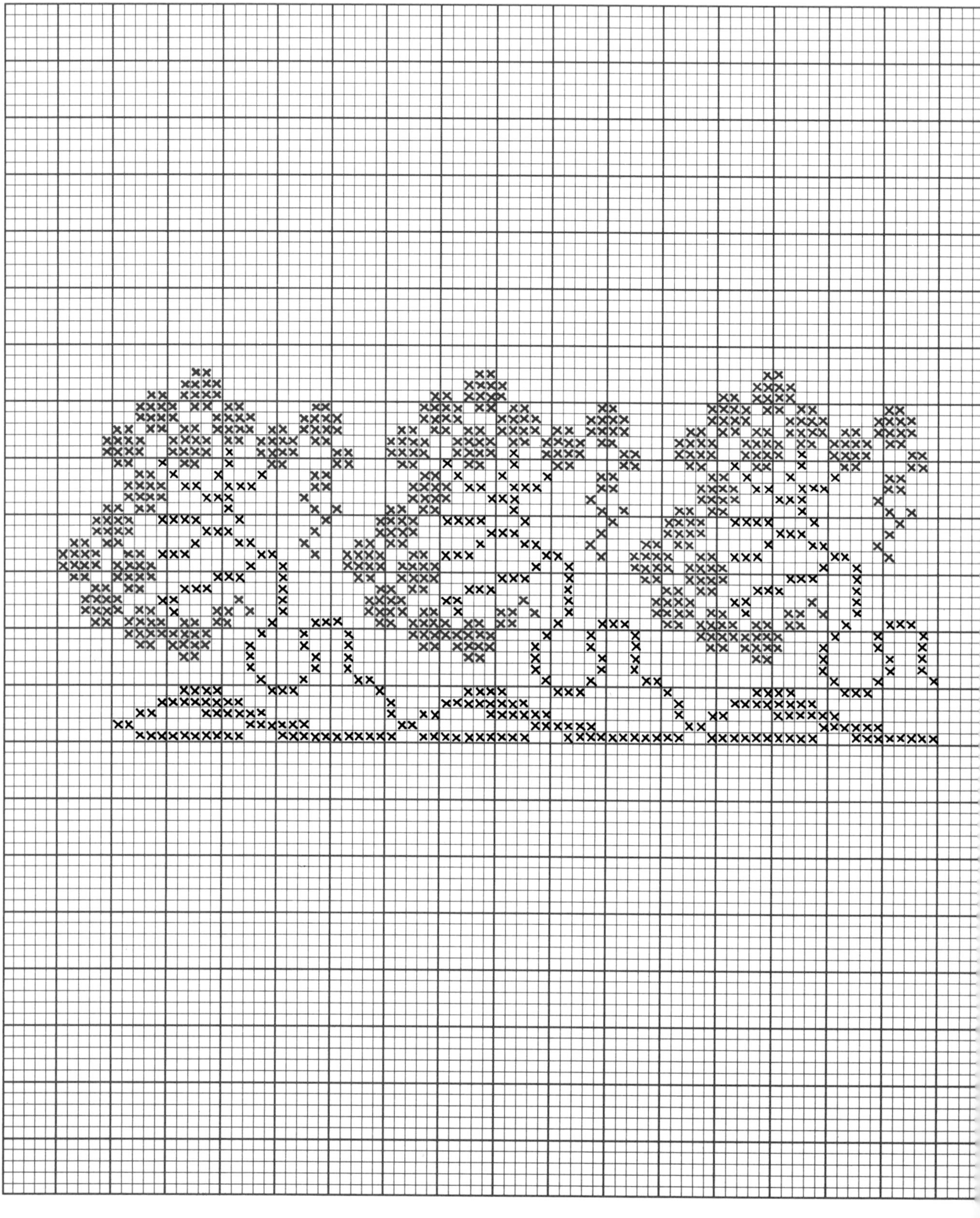

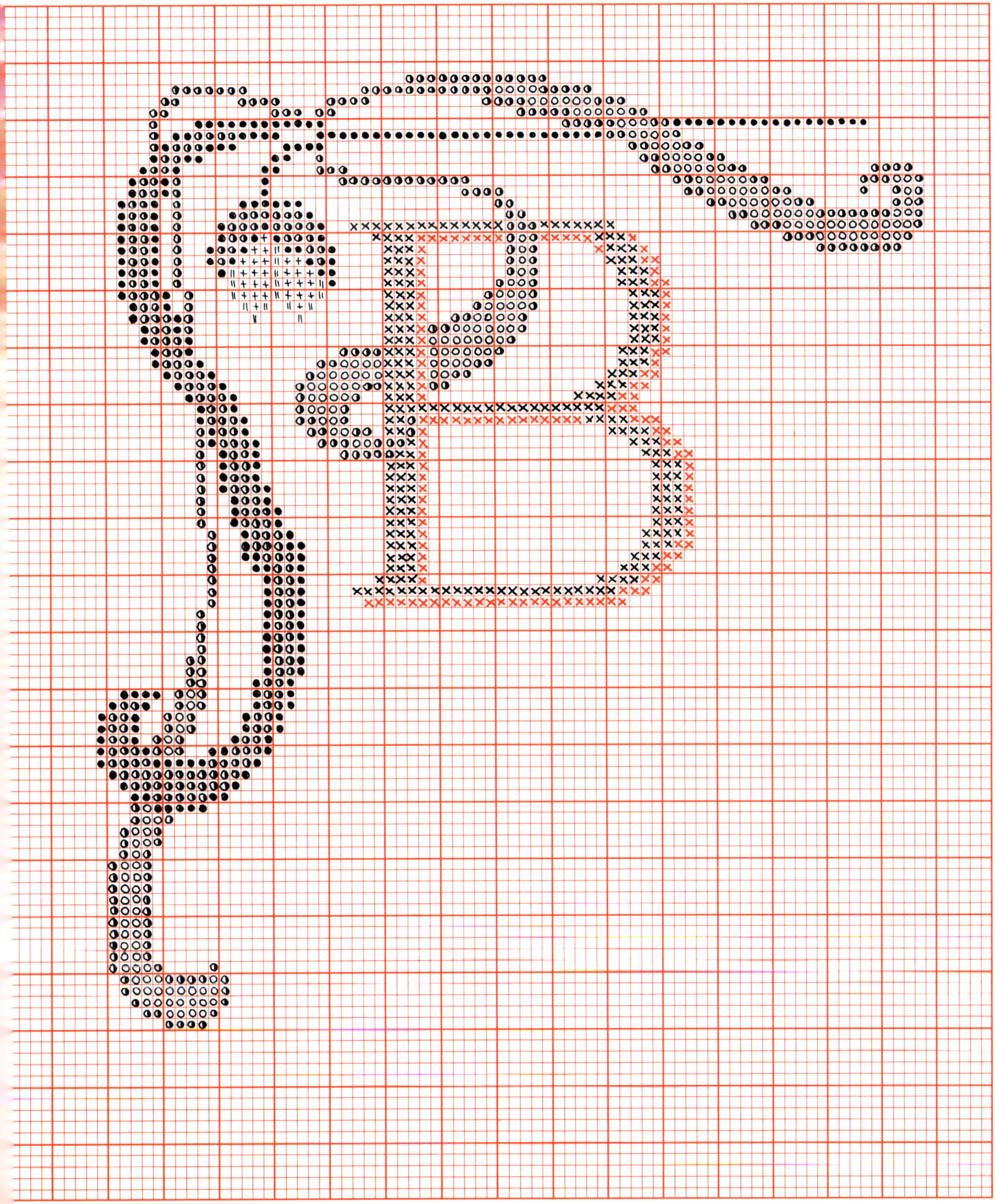

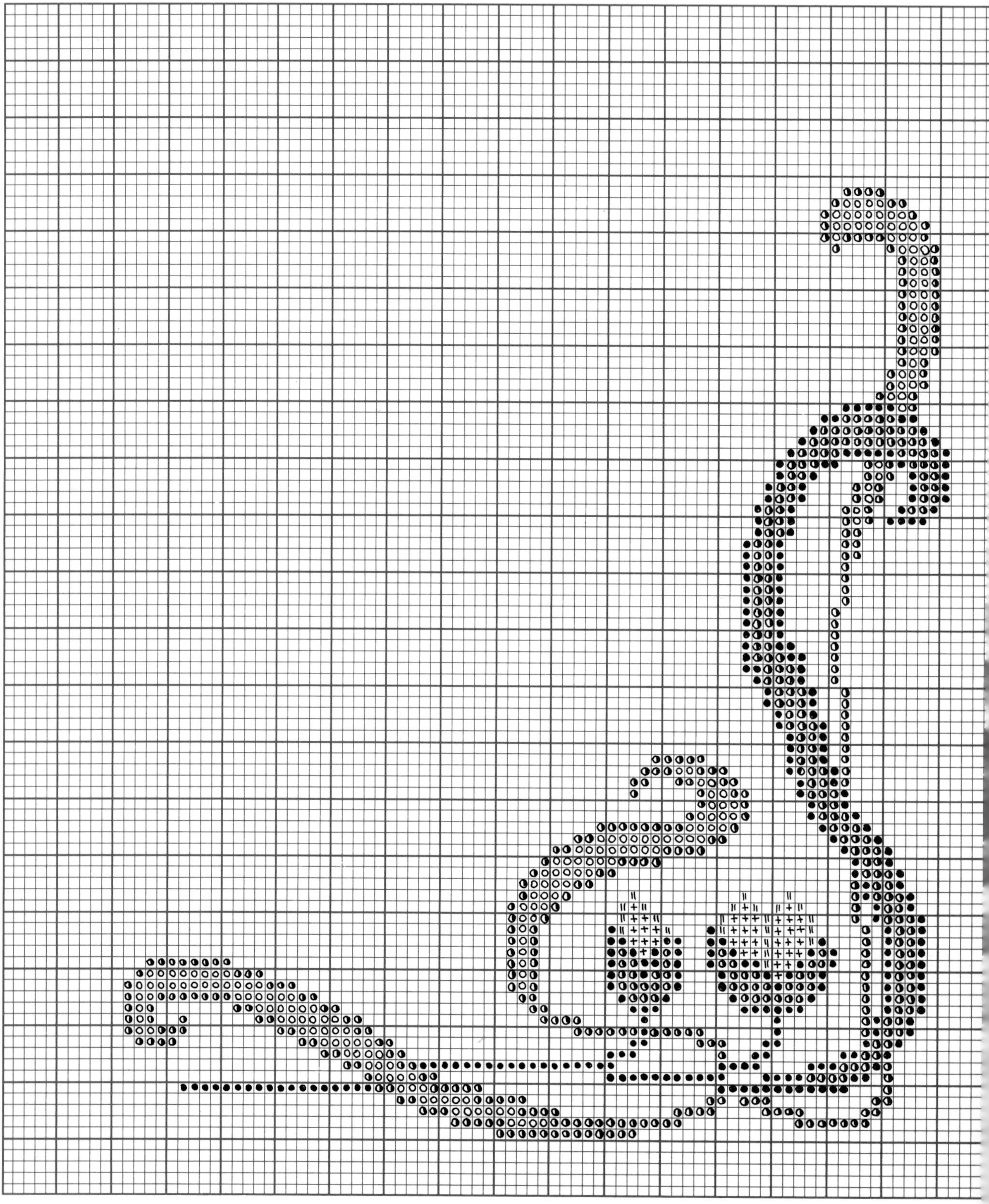

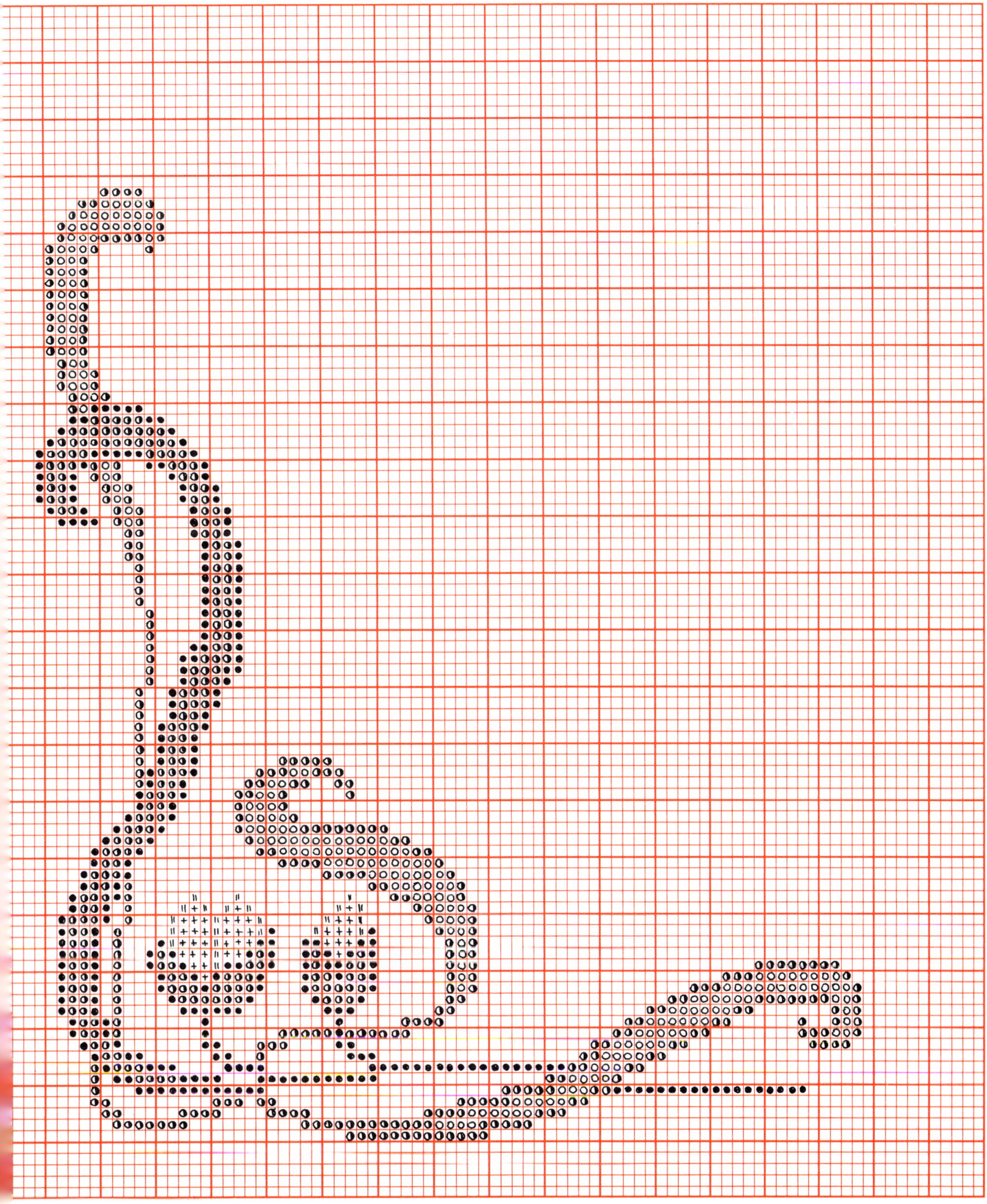

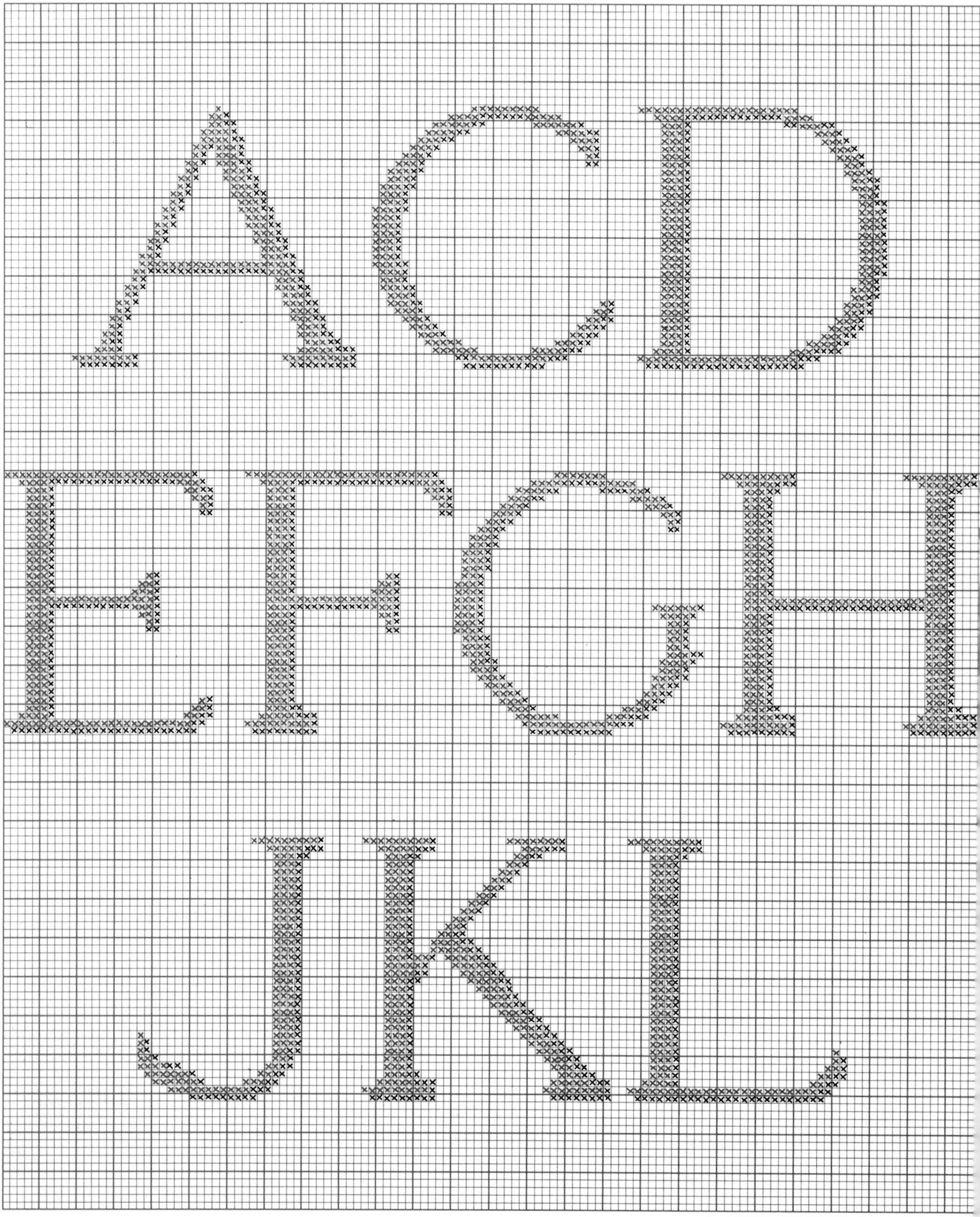

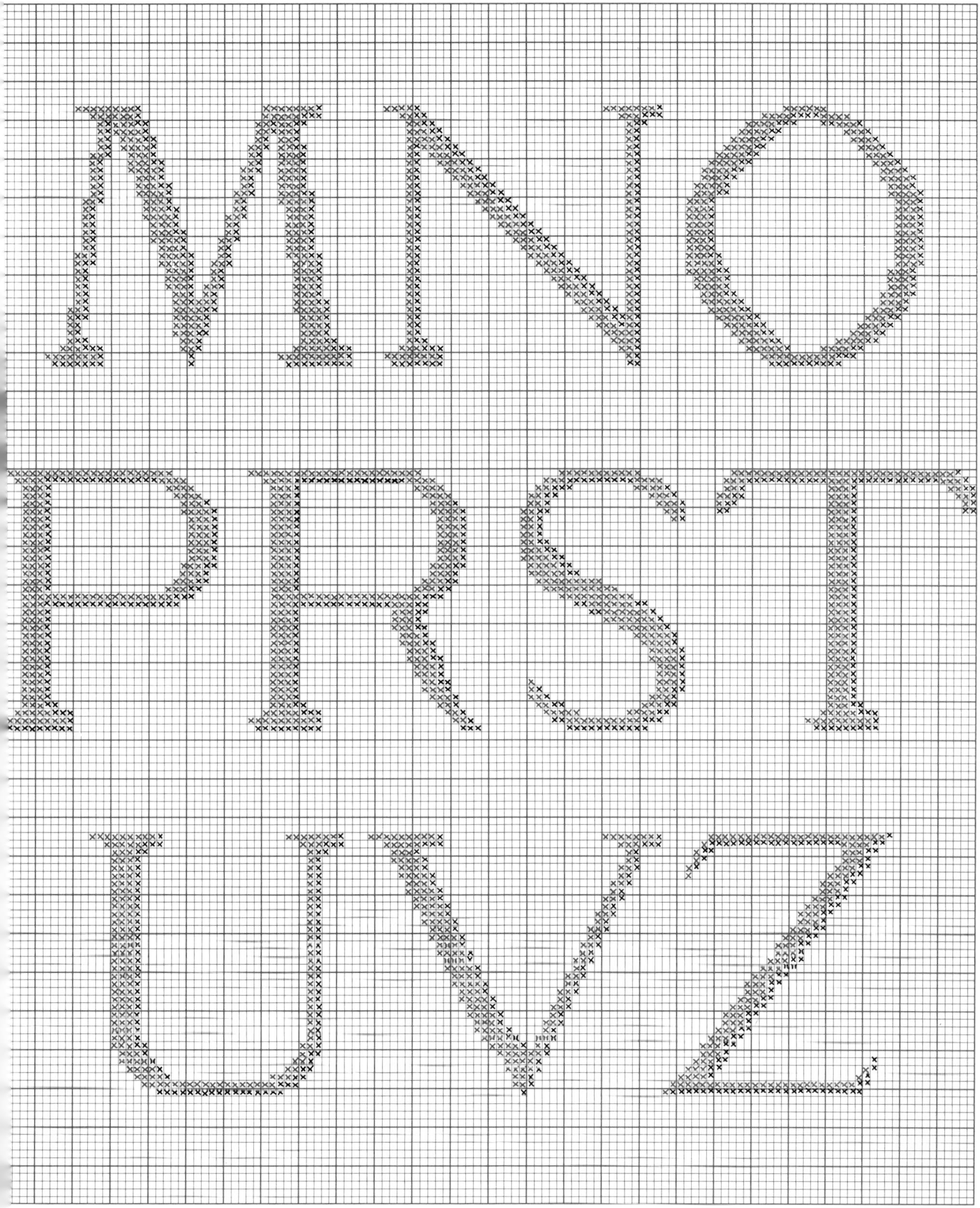

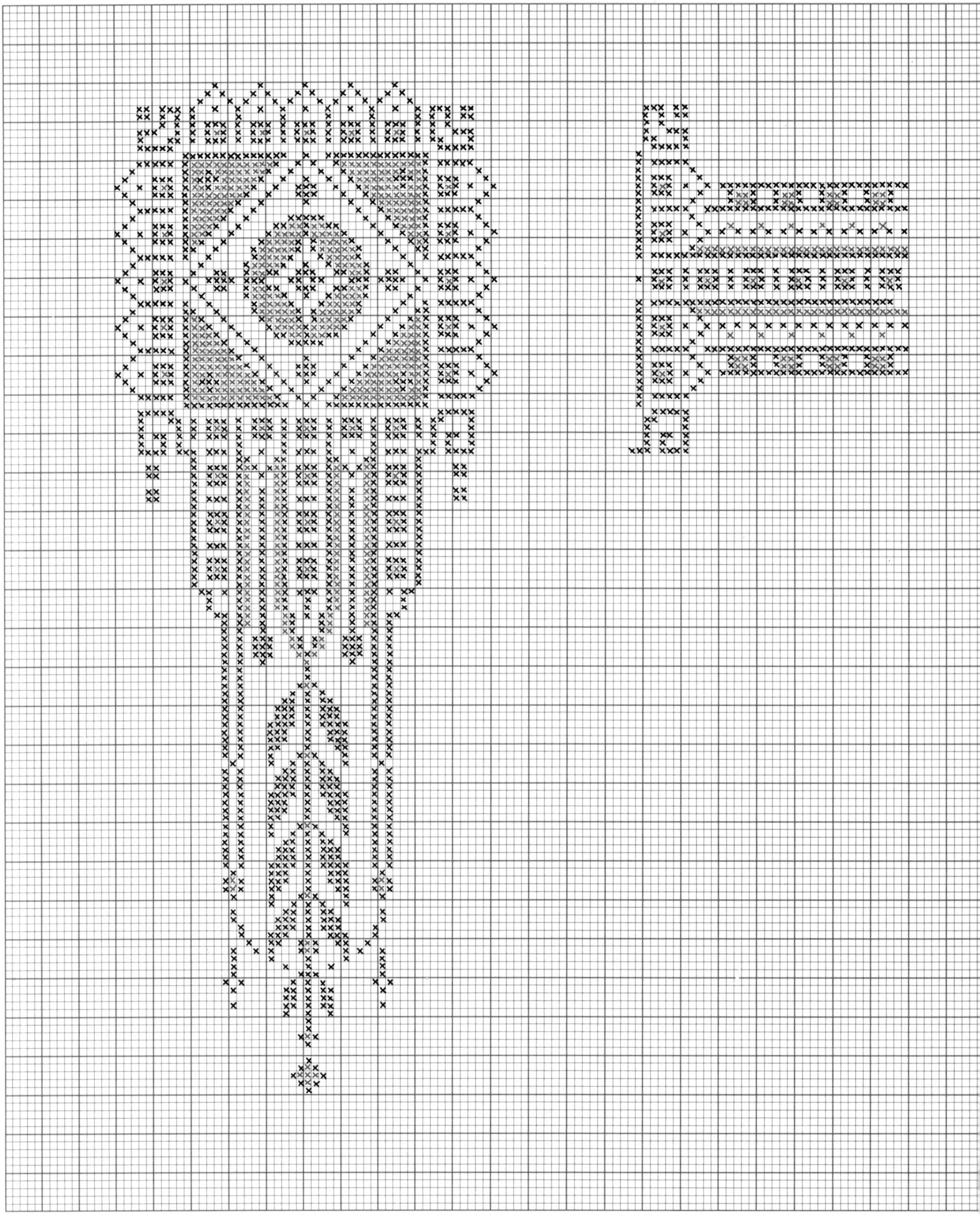

Muster auf Seiten 27–31.

Muster auf Seiten 47 und 59.

Muster auf Seiten 44/45.

Muster auf Seiten 60/61.

Muster auf Seite 62.

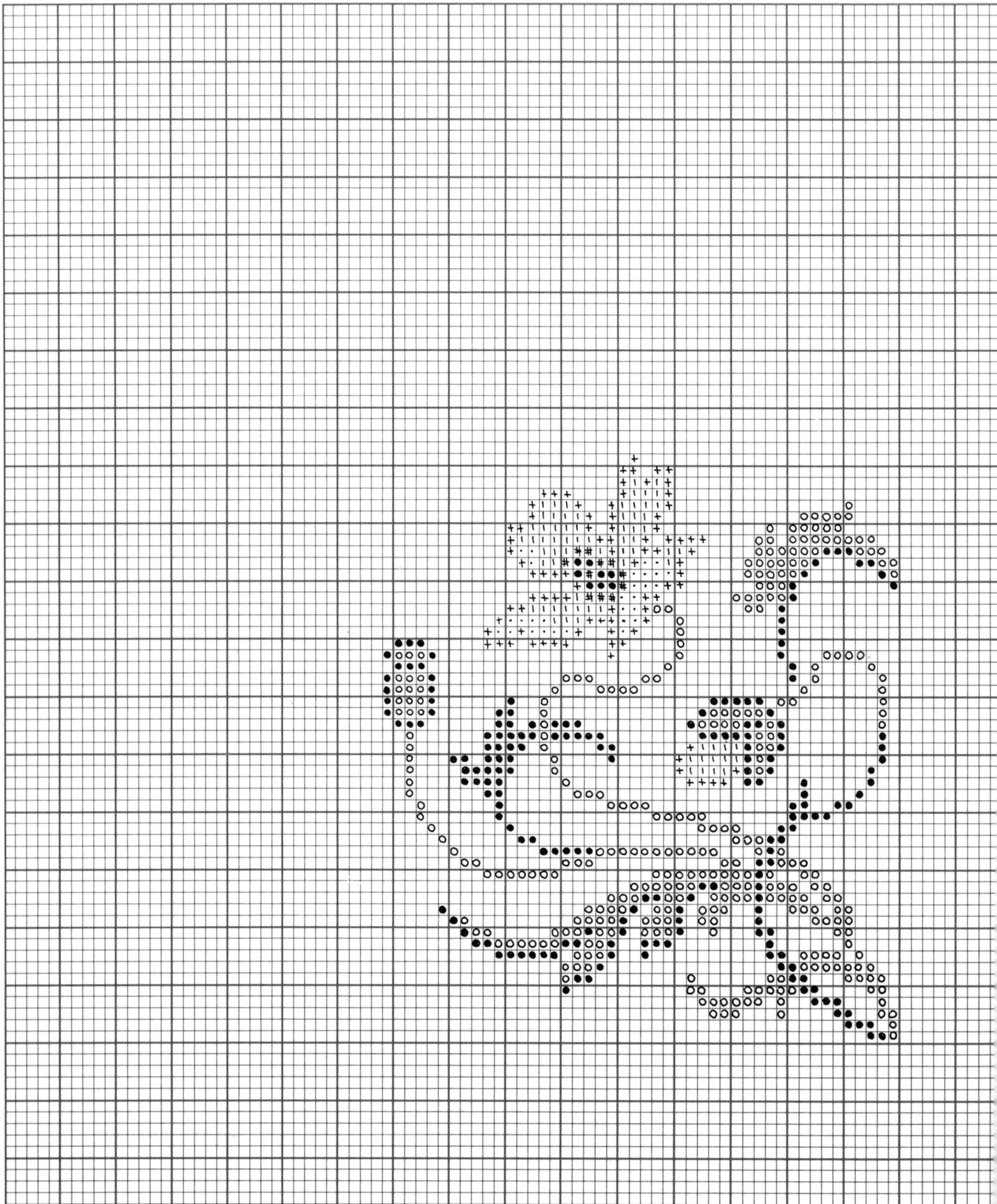

Schneeglöckchen

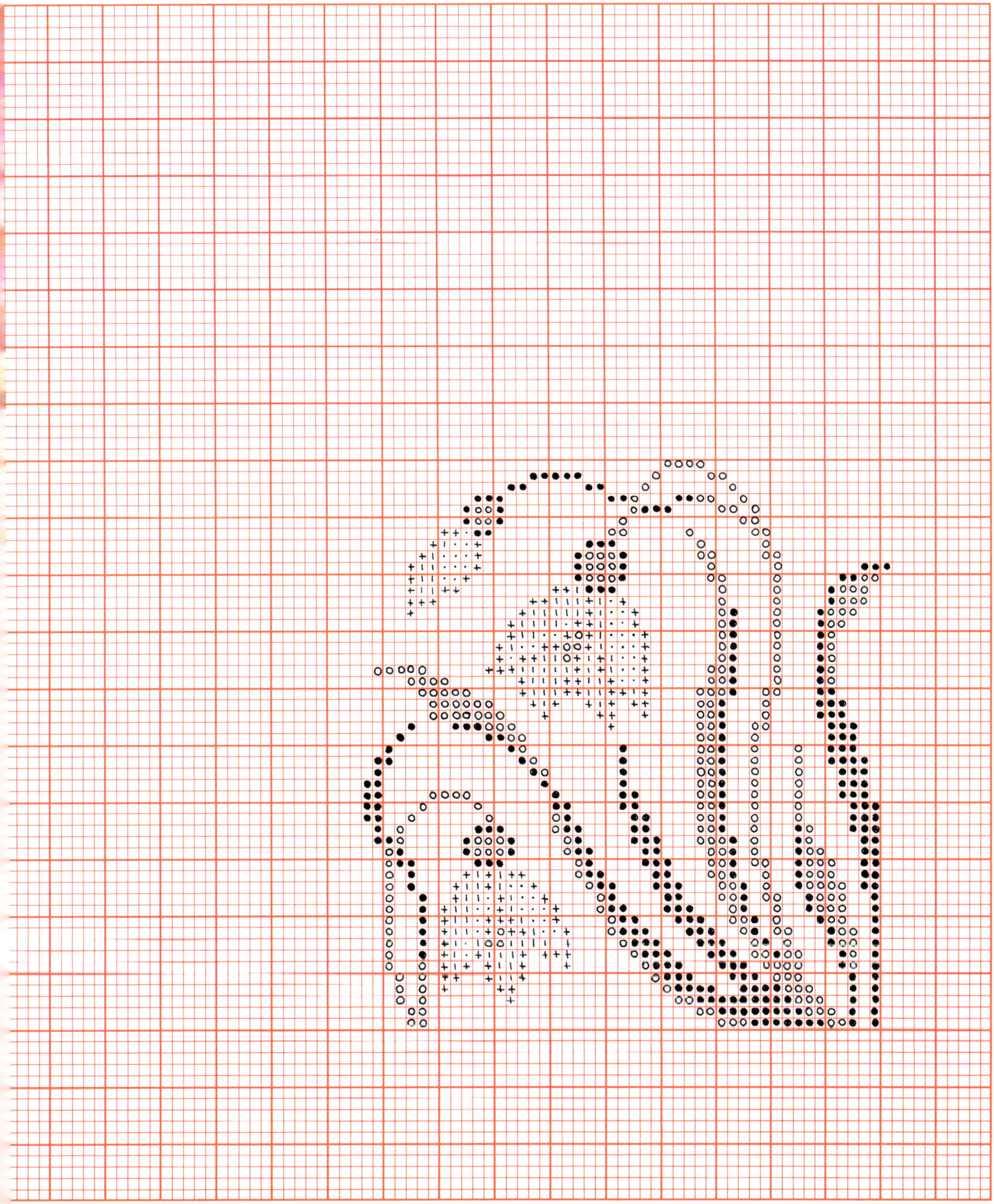

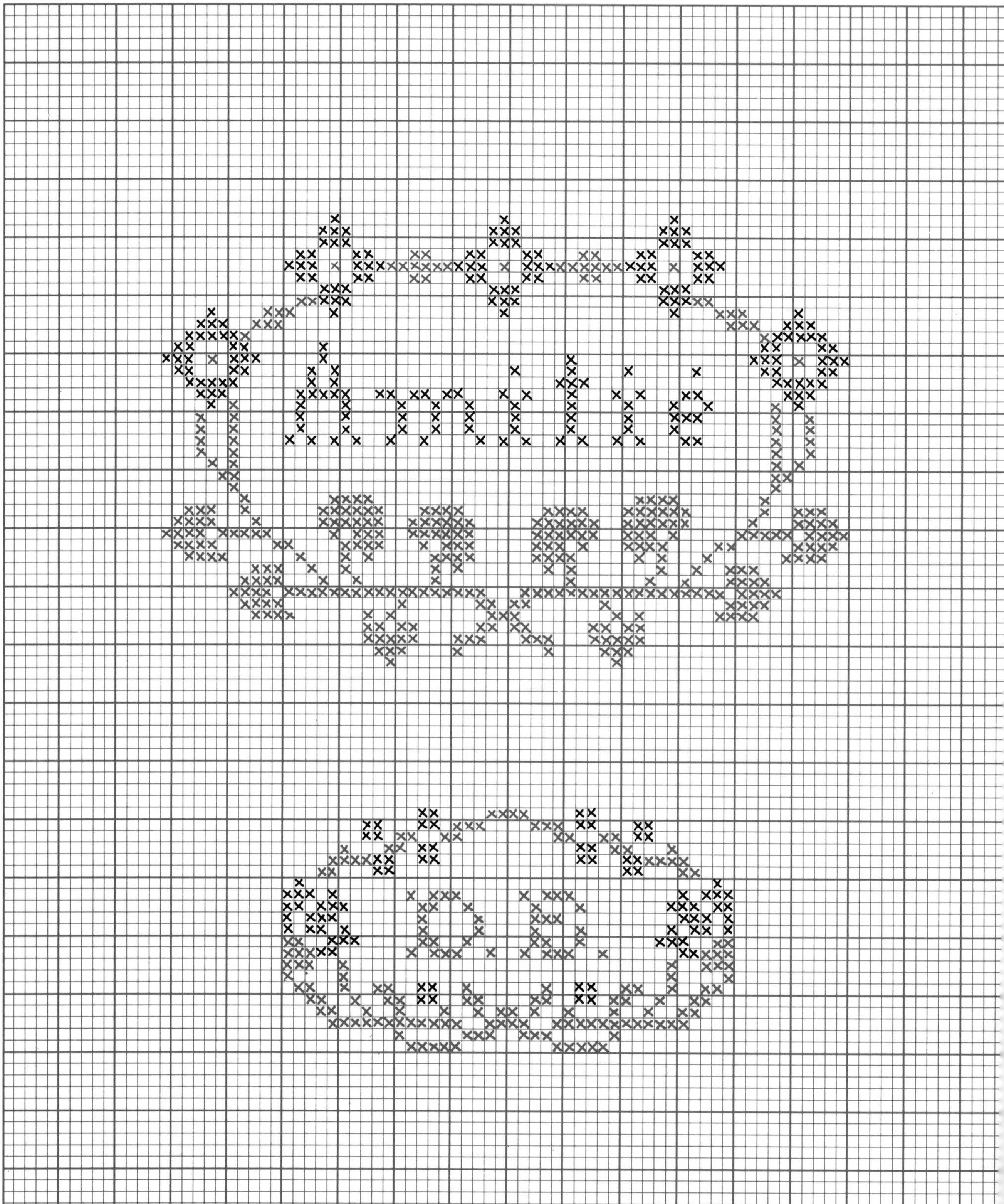
Amitié

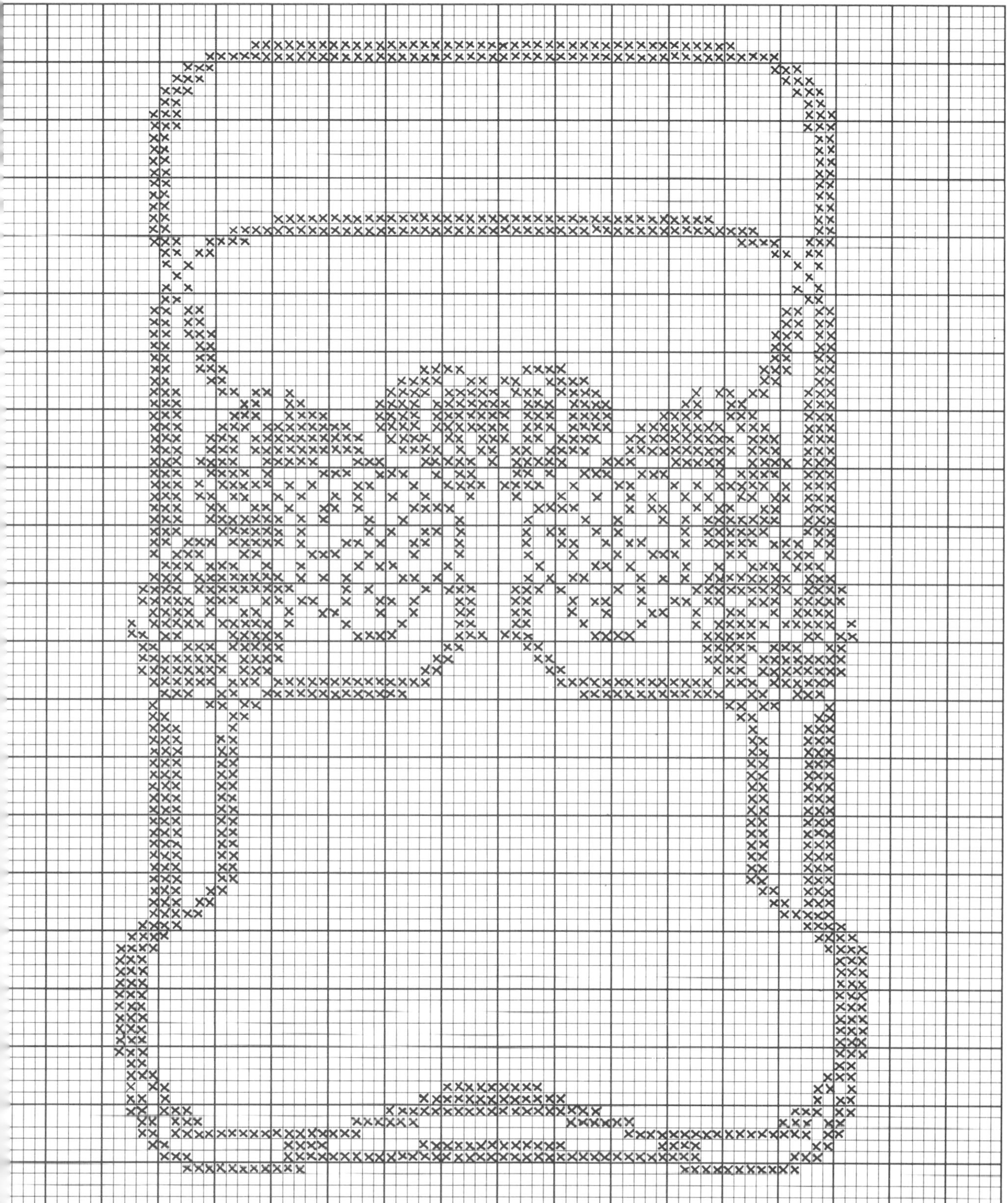

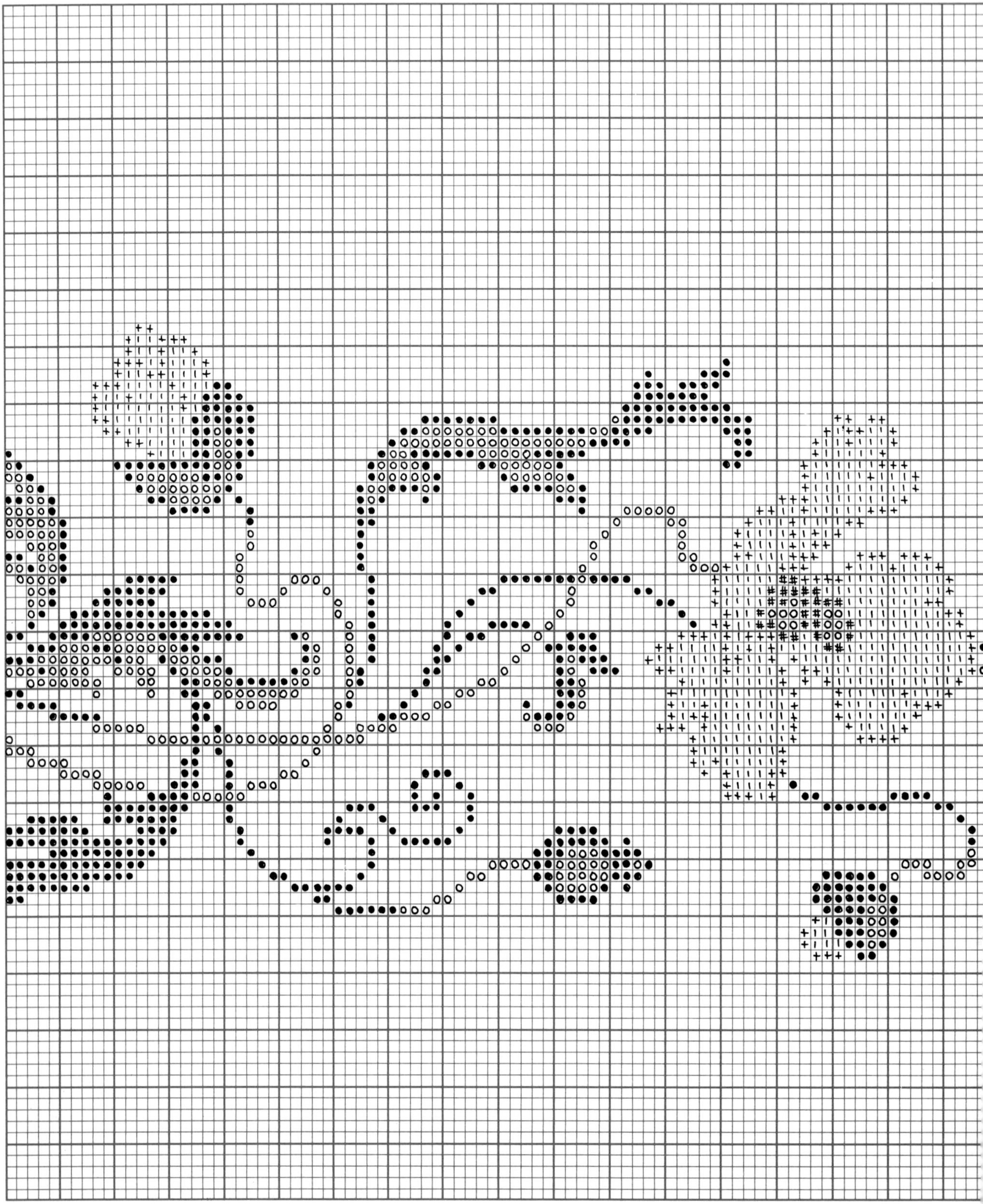

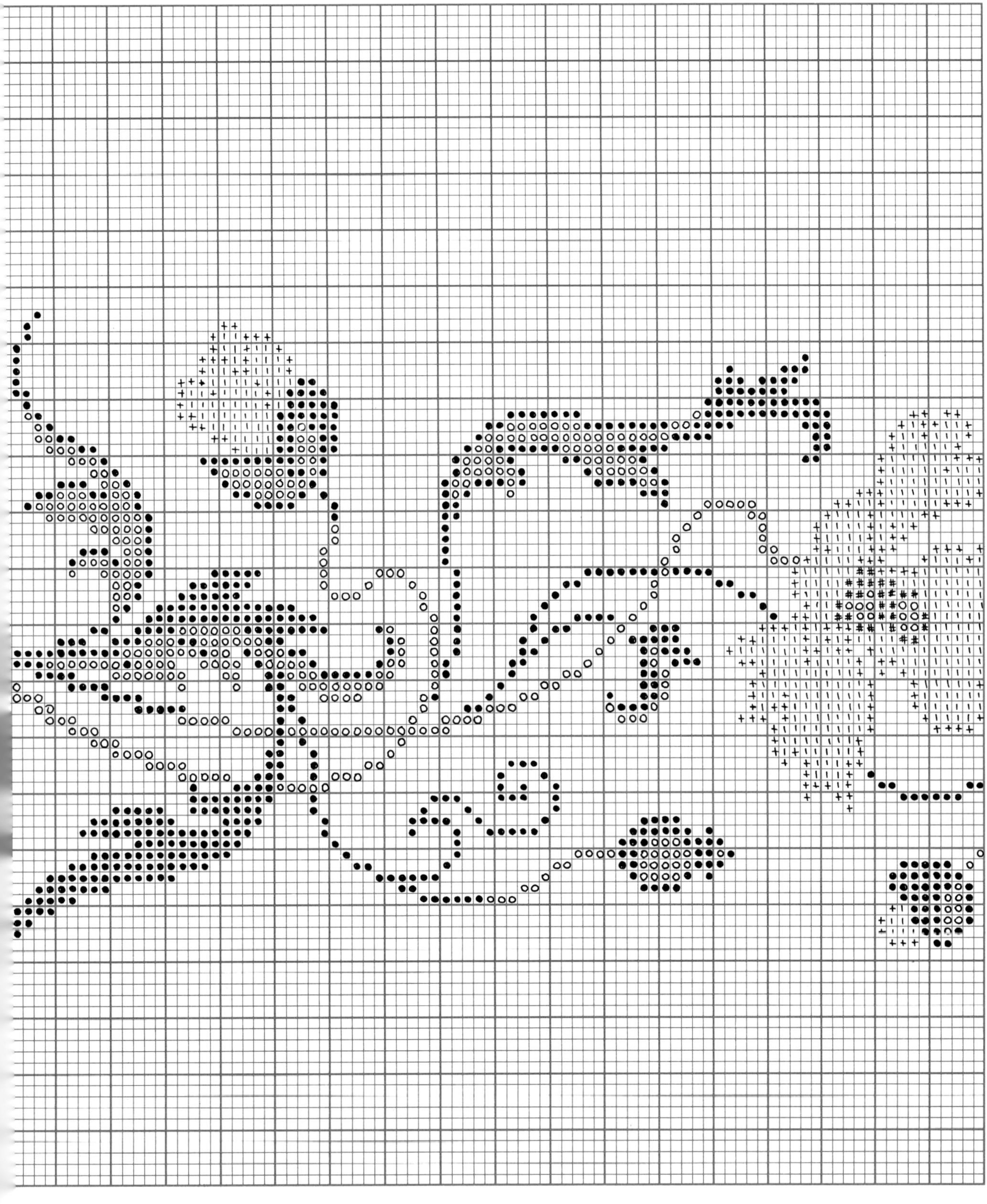

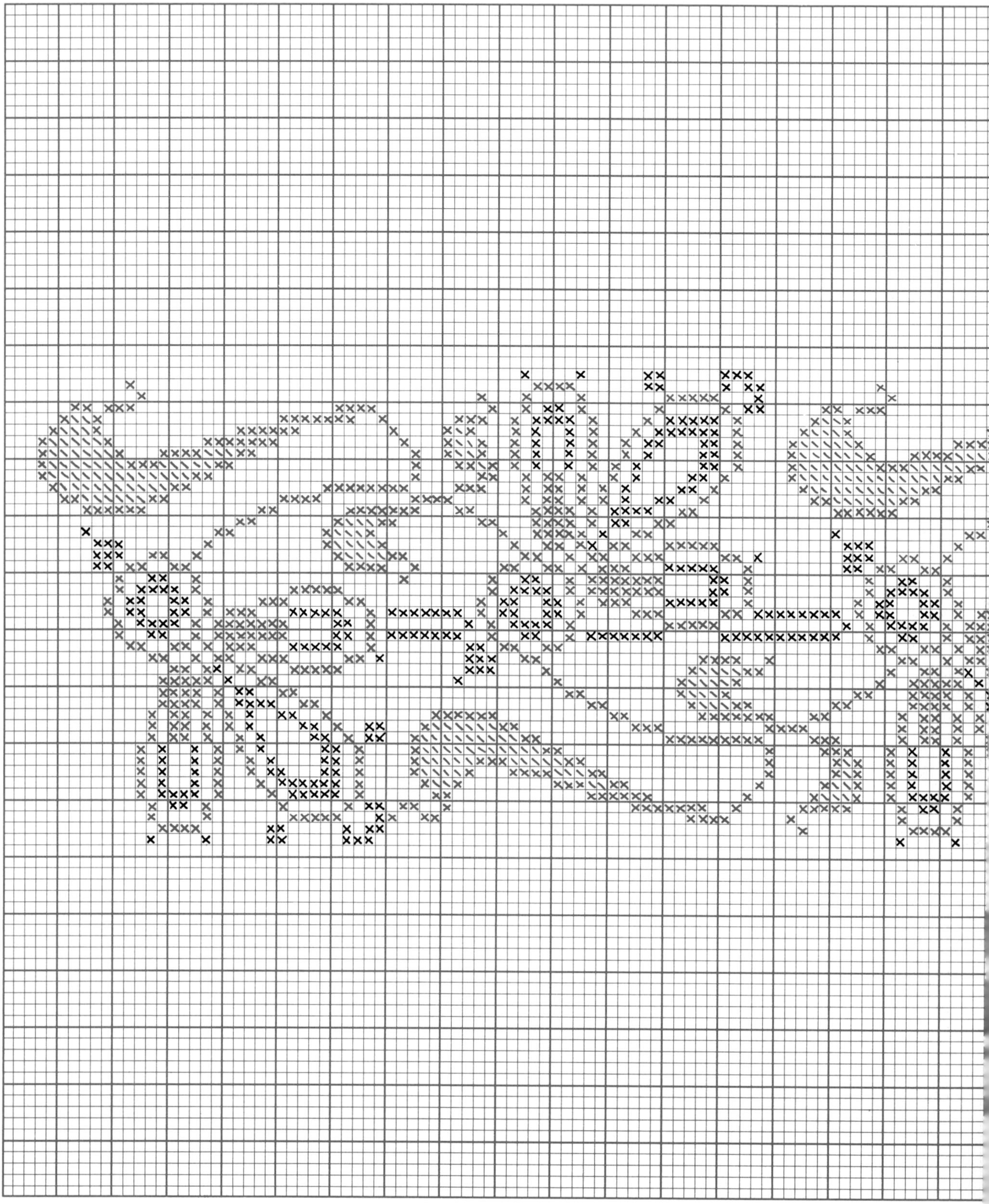

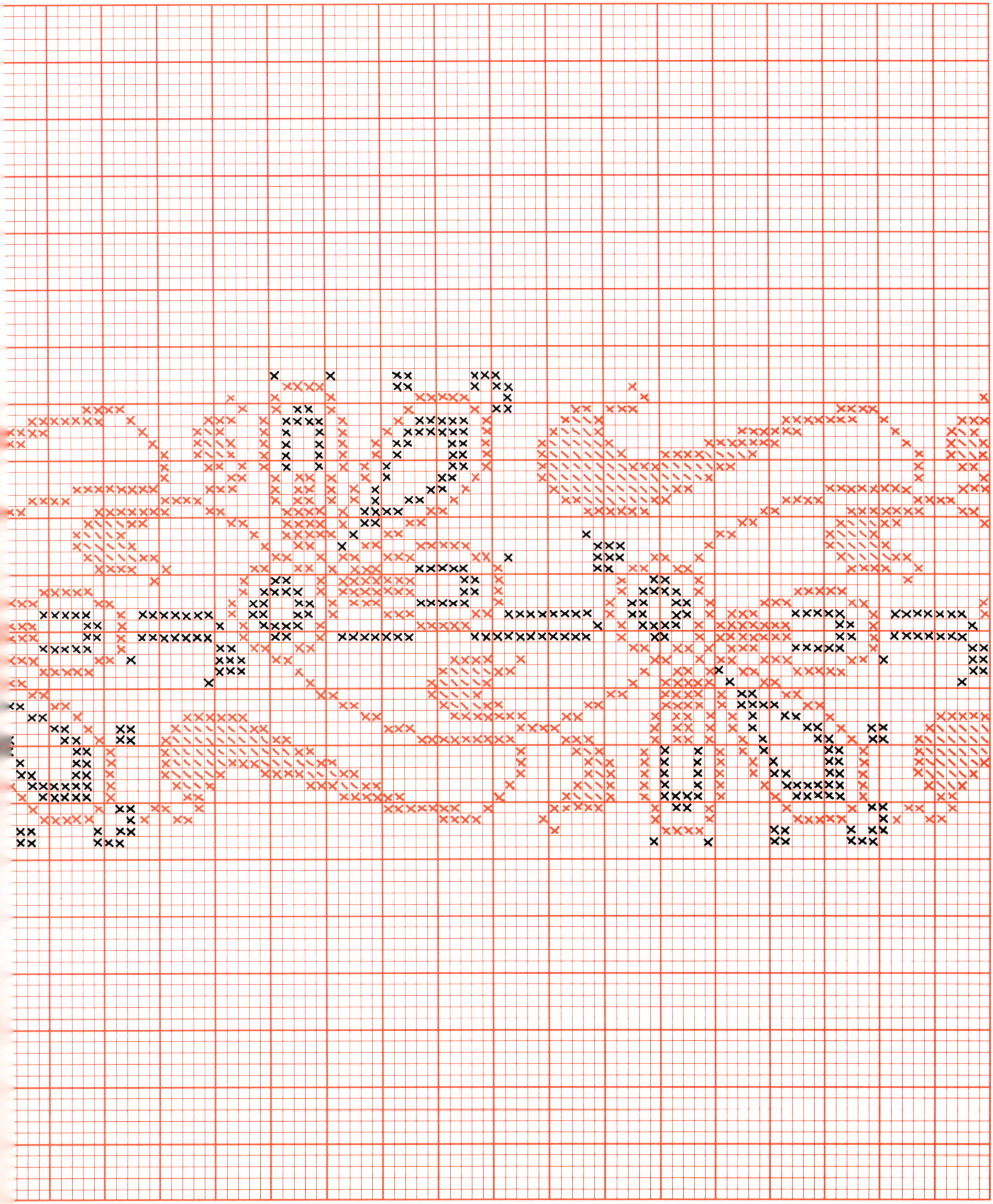

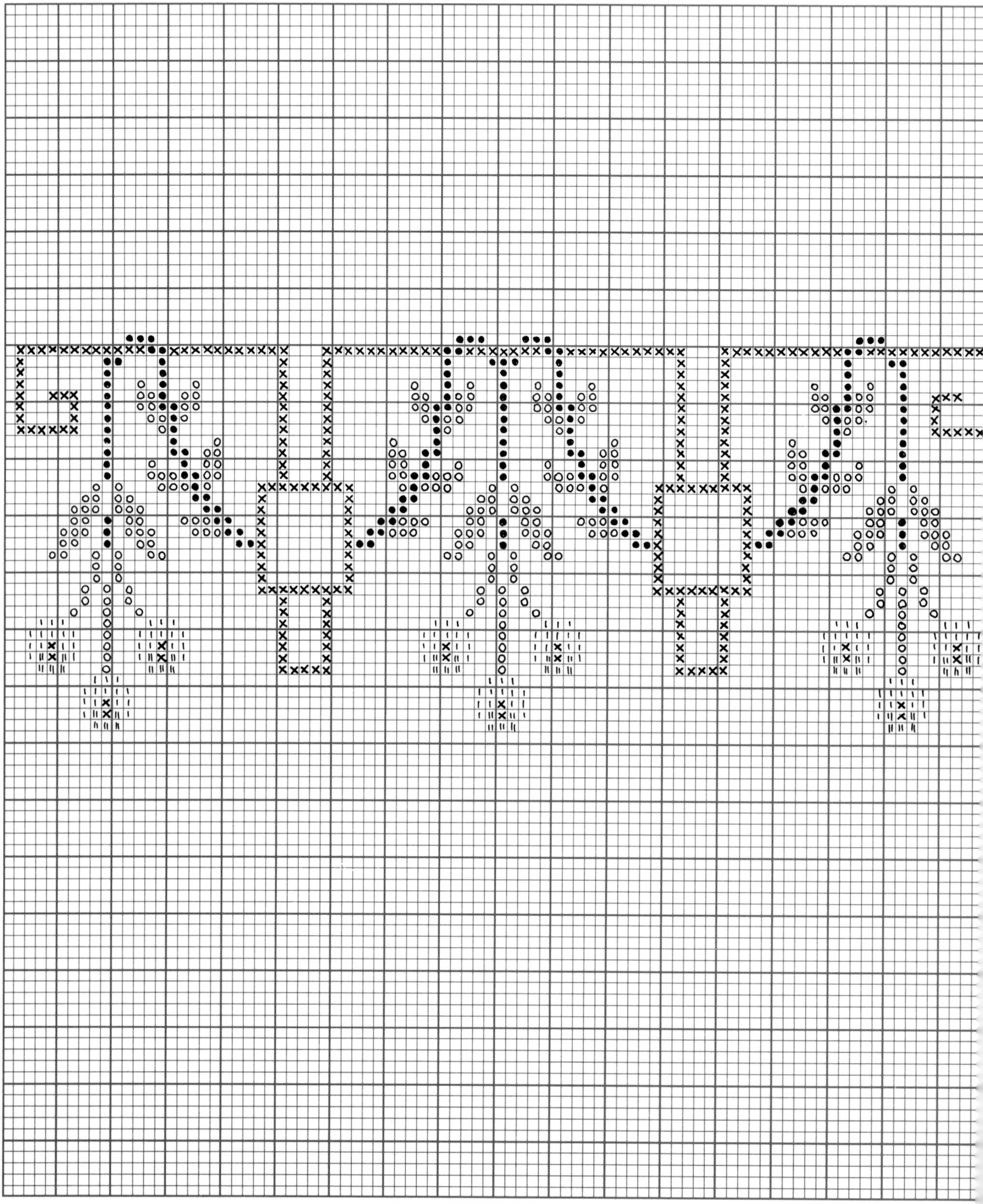

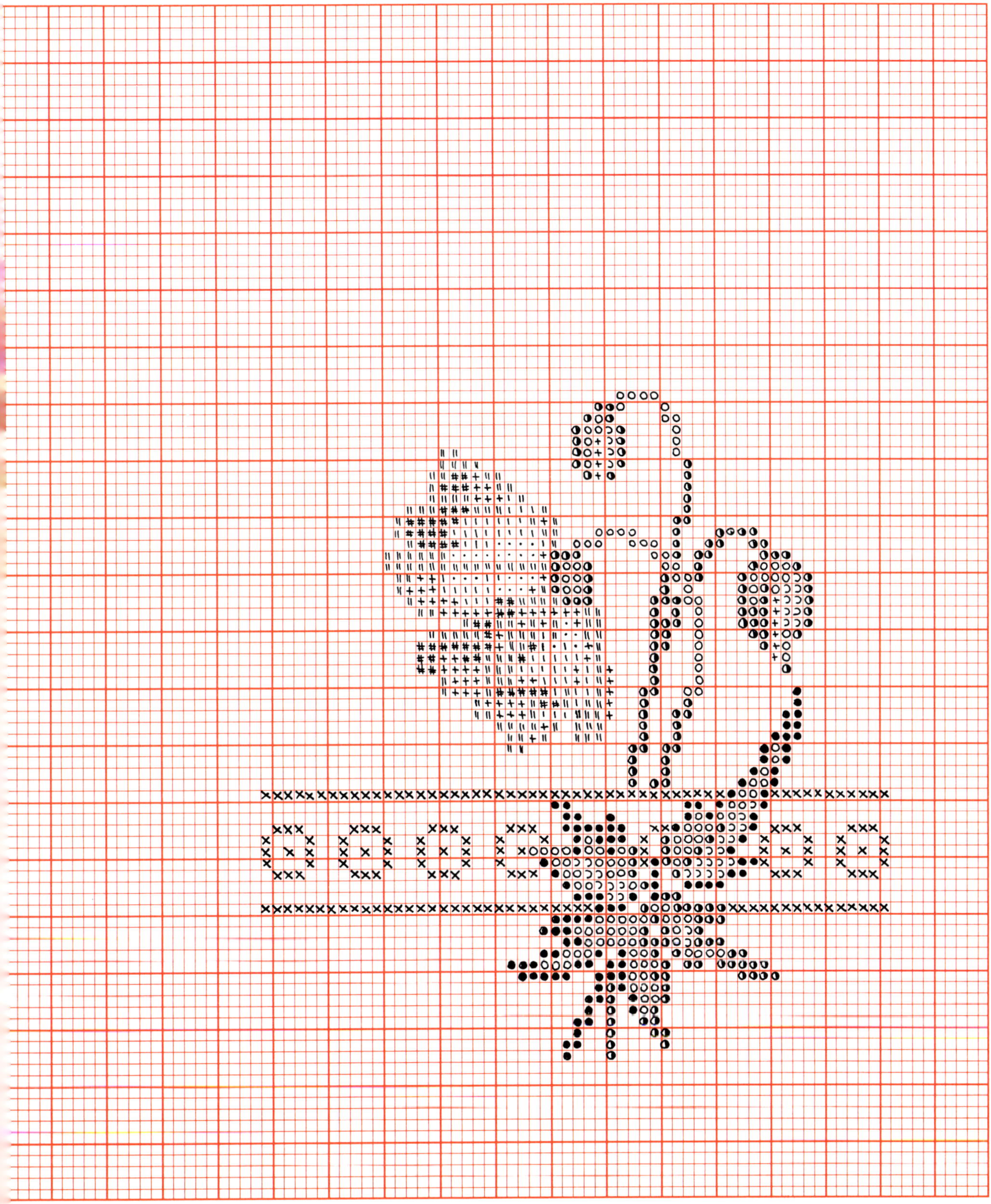

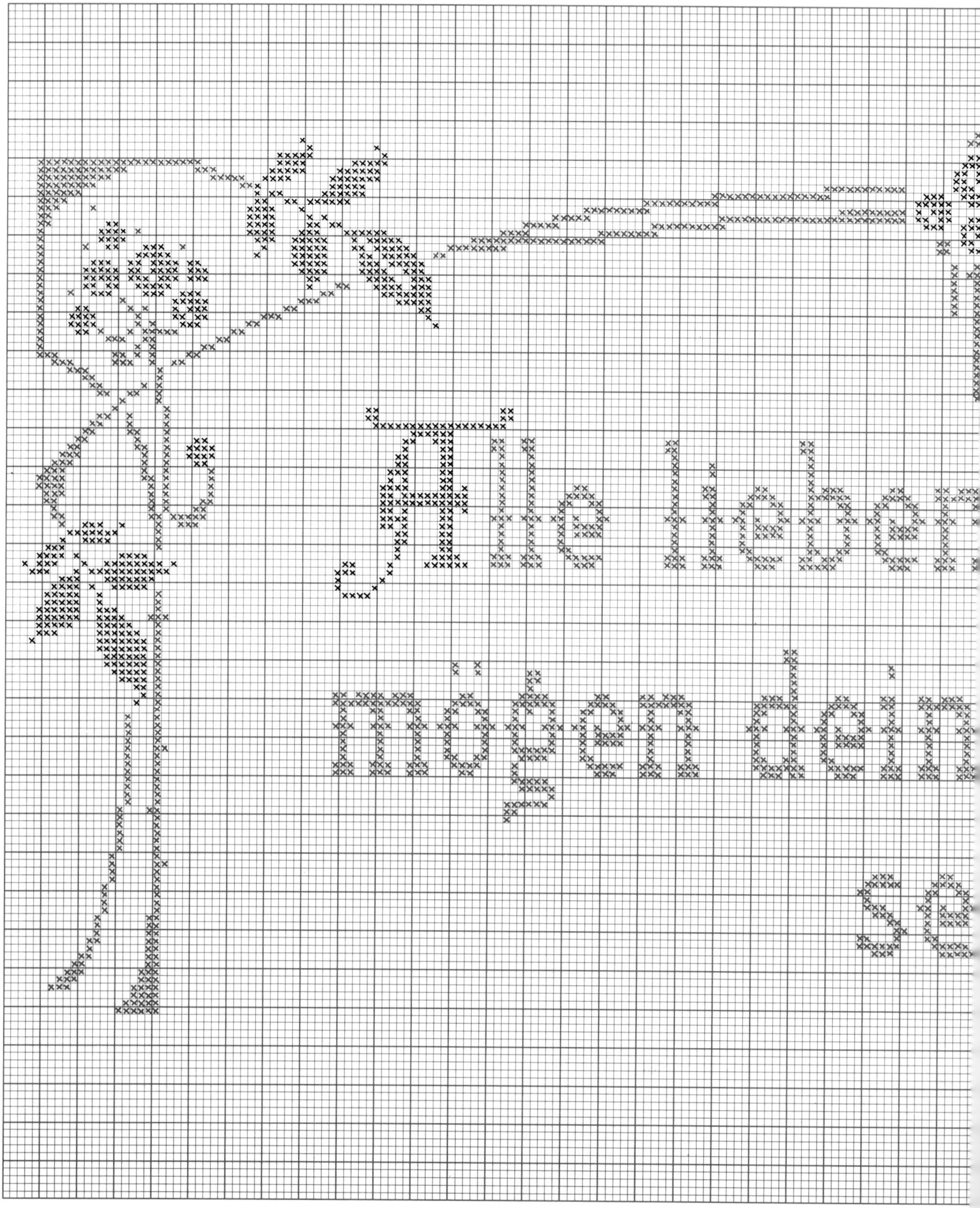
Alle liebe
mögen dein
se

Engelein
Wächter

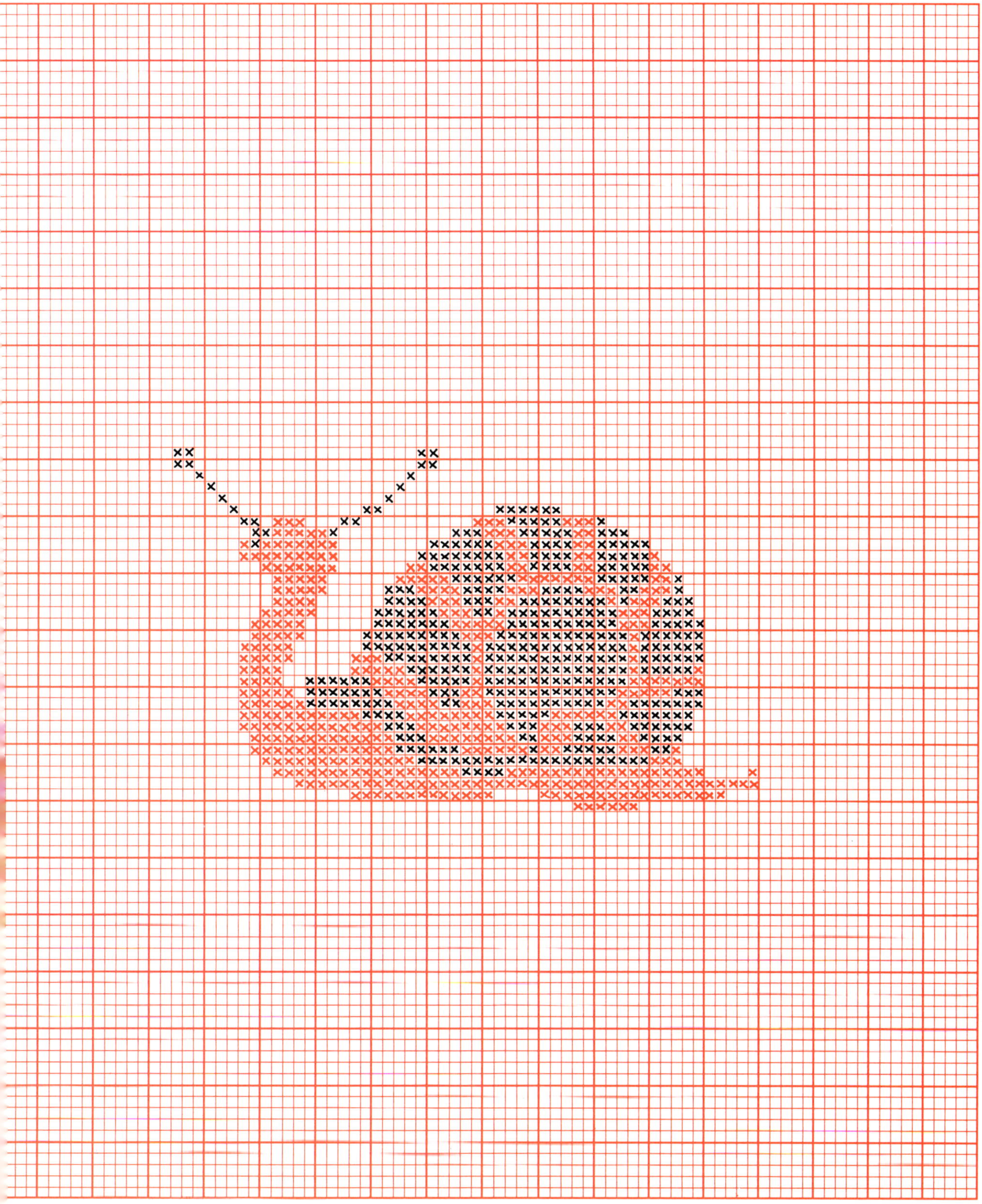

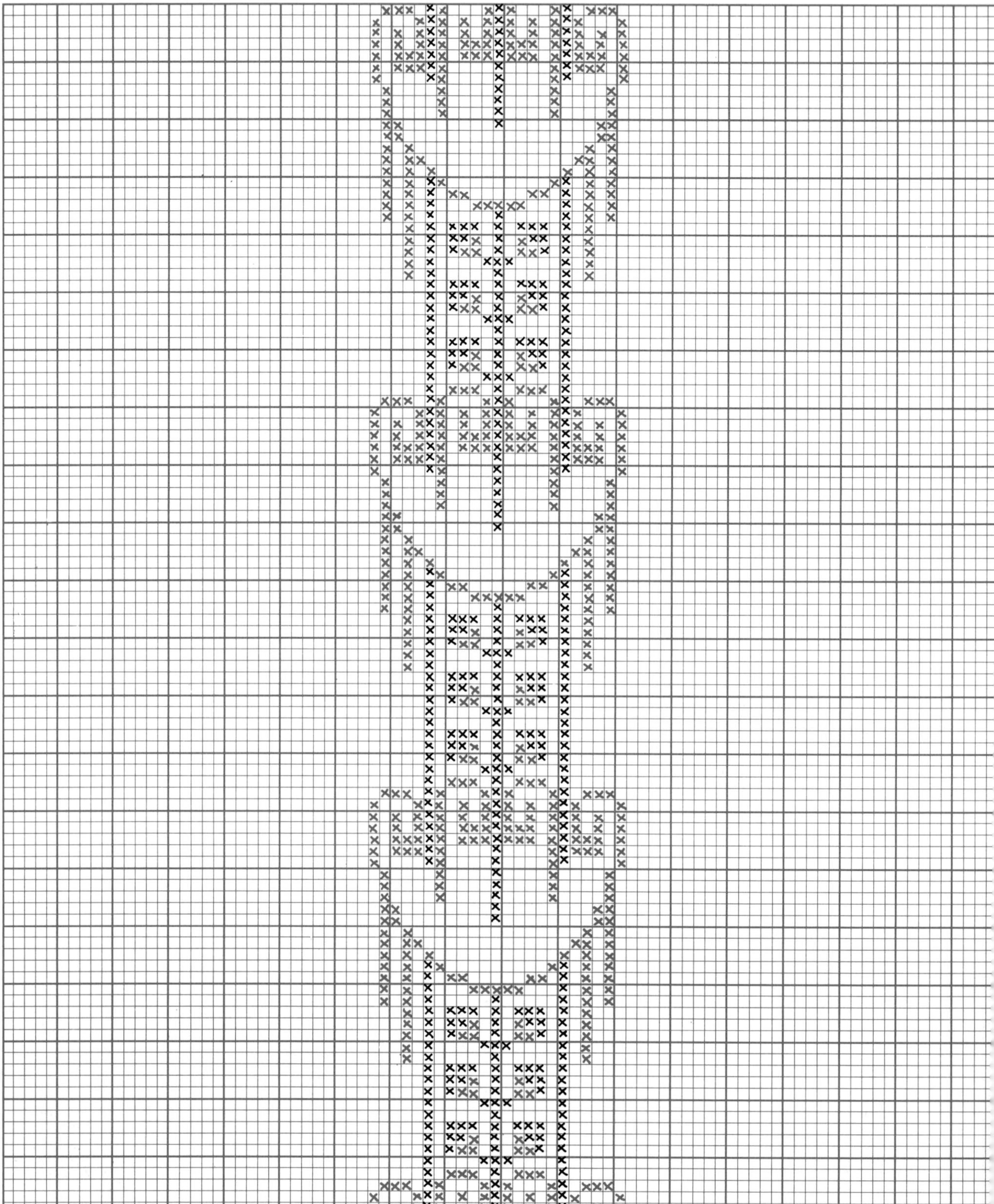

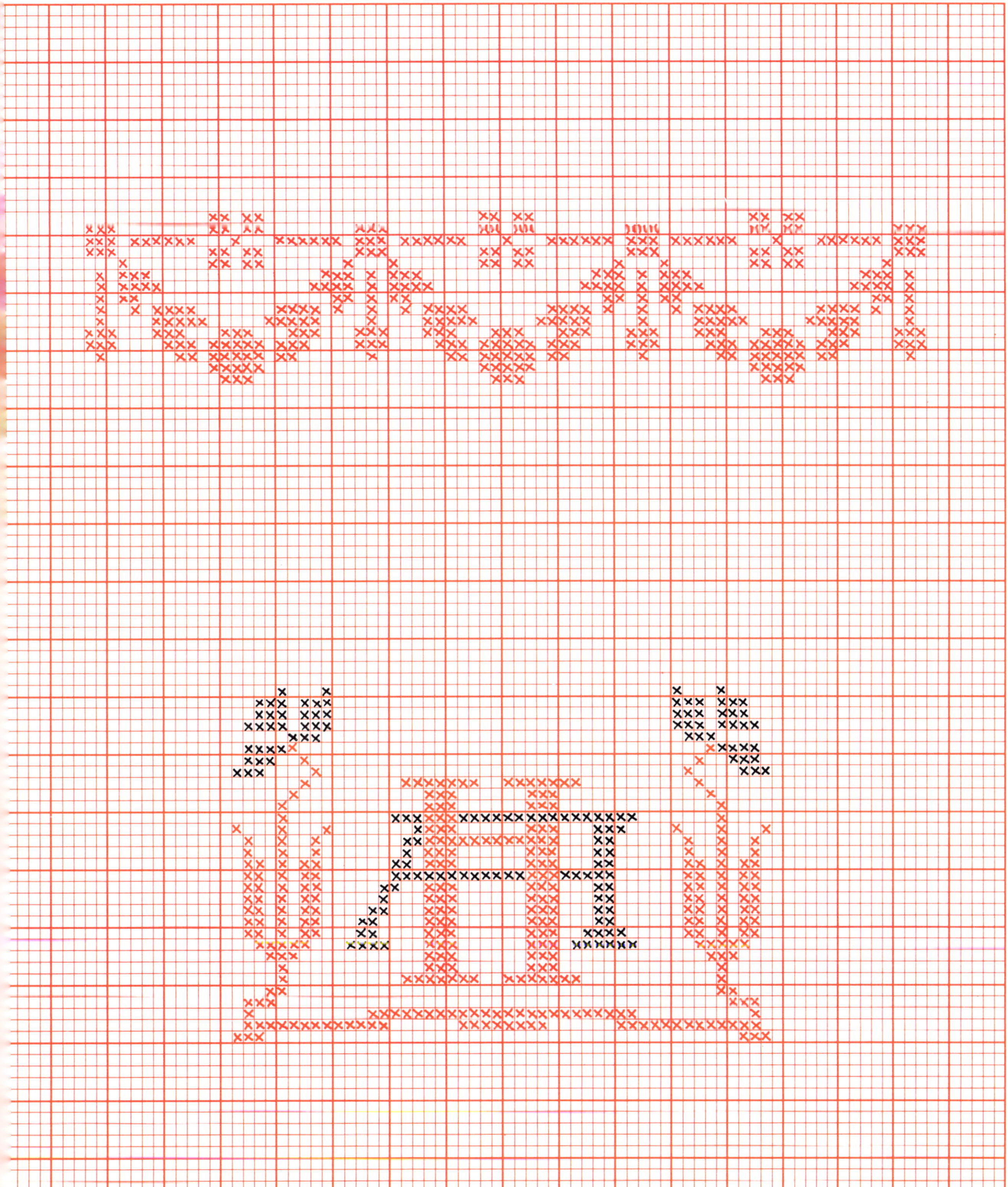

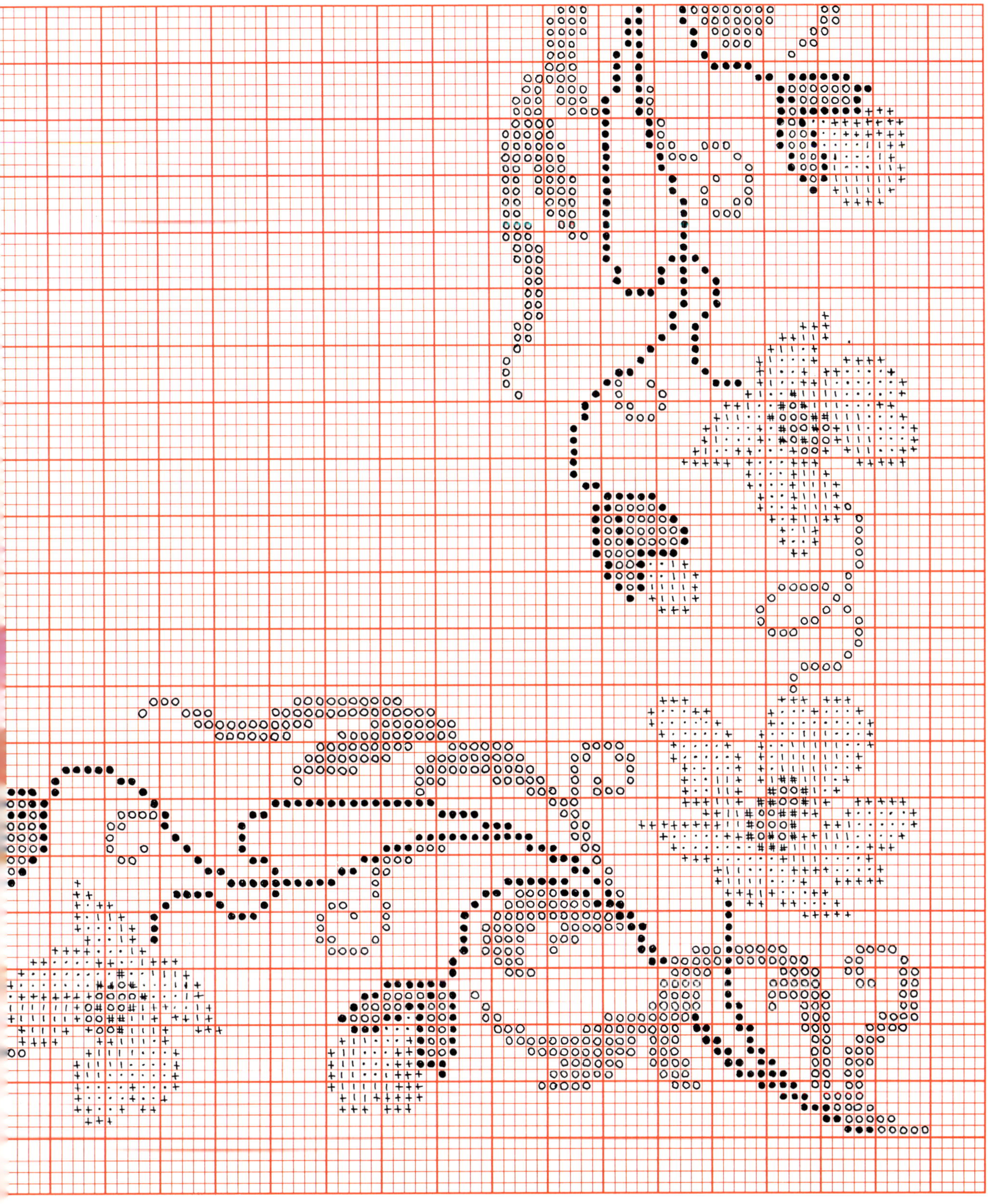

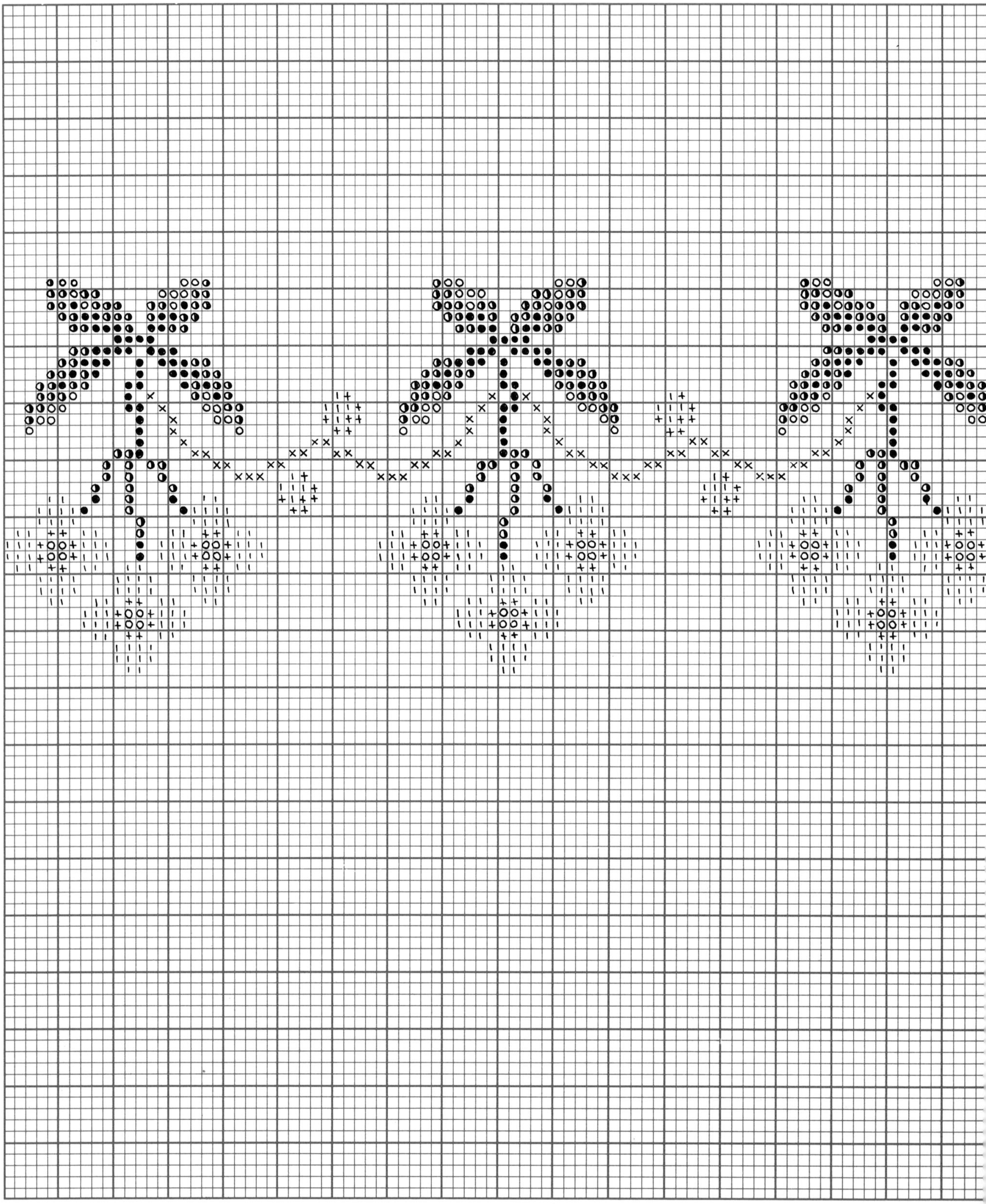

Arbeitshinweise zu den Fotos der Seiten 39–42

Bettwäsche

Material: 5,90 m hellgrauer Baumwollchintz, 140 cm breit
10 Wäscheknöpfe
70 cm zweifädiger Stramin mit 56 Stichen pro 10 cm
je 2 Stränge MEZ-Sticktwist in den folgenden Farben:
Grün Nr. 875, 876 und 878, Rosa Nr. 968 und 969

Kissenhülle: fertiges Maß 80/80 cm. Die Stickerei ist vom oberen Rand und der Seitennaht jeweils ca. 10 cm entfernt.

Deckenbezug: fertiges Maß 135/200 cm. Hier ist die Stickerei 30 cm von der Oberkante entfernt. Die Einteilung nach rechts und links nimmt man von der Mitte aus vor.

Nähen Sie zunächst nur die Säume. Die Seitennähte werden erst nach dem Sticken geschlossen.

Nun schneiden Sie den Stramin in zwei je 35 cm lange Stücke zu. Für die Decke braucht man die ganze Breite, für das Kissen nur die Hälfte. Heften Sie den Stramin gut auf. So kann man ihn, wenn man den Stickrahmen umspannen muß, zwischendurch gut bügeln.

Gestickt wird mit vierfädigem Twist über zwei Gewebekaros nach den Zählmustern auf den Seiten 27–31.

Wenn die Stickerei fertig ist, feuchtet man den Stramin leicht an und zieht die Fäden vorsichtig aus (Pinzette!).

Wer nicht selber nähen mag, kann natürlich mit derselben Methode auch fertig gekaufte Bettwäsche besticken. Den Kissenbezug muß man dazu allerdings an der entsprechenden Seitennaht etwas auftrennen.

Handtücher

Material: normale, weiße Frotteehandtücher
einfädiger Stramin mit 64 Fäden pro 10 cm
Sticktwist in den zum Muster angegebenen Farben.

Heften Sie zuerst ein ausreichend großes Stück Stramin auf die gewünschte Stelle des Handtuches. Nun wird das Handtuch zusammen mit dem Stramin in einen großen Stickrahmen eingespannt. Gestickt wird mit einer spitzen Nadel und ganzem Twist über zwei Gewebefäden des Stramins. Nach Beendigung der Stickerei feuchtet man den Stramin etwas an und zieht ihn in einzelnen Fäden heraus.

Kirschenkleidchen

Material: 20 cm Gmindner-Linnen
1 Reißverschluß 12 cm lang
160 cm weißer Baumwollbatist, 90 cm breit
je 1 Strang MEZ-Sticktwist in folgenden Farben:
Hellgrün Nr. 859, Dunkelgrün Nr. 862, Rot Nr. 47

Als Stickgrund für die Passe und die Taschen wurde Gmlnder-Linnen verwendet. Gestickt wurde mit einfädigem Twist über zwei Gewebefäden. Die Stickerei ist so allerdings sehr winzig. Wenn Sie lieber etwas größer sticken möchten, können Sie ein Stück feinen Stramin aufheften und darauf sticken.

Um die Stickerei richtig auf die Passe zu bringen, übertragen Sie vor Beginn der Arbeit den Schnitt für die Passe mit einem bunten Faden auf den Stickgrund. Achten Sie dabei darauf, daß Sie den Stoff noch in einen Stickrahmen einspannen können. Erst wenn die Stickerei fertig ist, wird die Passe zugeschnitten.

Der Rock wurde aus dem Baumwollbatist genäht. Mit diesem feinen Stoff sind auch die Passe und die Taschen abgefüttert.

Fisch-Set

Material: 55 cm reines Leinen mit 10 Gewebefäden pro cm
2 Stränge MEZ-Sticktwist Hellgrau Nr. 398
je 1 Strang MEZ-Sticktwist Blaugrün Nr. 779 und 849

Fertiges Maß: 50/40 cm, Saumbreite 3 cm.

Stoff fadengerade zuschneiden (62/52 cm) und säumen. Der Saum des abgebildeten Sets wurde mit Plattstich über 5 Gewebefäden mit dreifädigem Twist in Hellgrau gearbeitet.

Der Fisch ist von beiden Rändern ca. 2,5 cm entfernt gestickt.

Zeichenerklärungen zu den Blumenmustern
(alle Nummern beziehen sich auf MEZ-Sticktwist)

Gelbe Lilien (S. 8/9)
Blüten | 305
+ 307
⋕ 371
Blätter ☽ 858
○ 860
● 862

Klatschmohn (S. 20/21)
Blüten · 46
| 47
+ 20
⋕ 403
Blätter ○ 859
● 861

Seerosen (S. 27–29)
Blüten + 968
‖ 969
Blätter ○ 875
◑ 876
● 878

Klatschmohn (S. 32/33)
Blüten · 46
| 47
+ 20
⋕ 403
Blätter ○ 859
● 861

Seerosen (S. 46/47)
Blüten · 847
| 848
+ 850
Blätter ○ 842
◑ 859
● 862

Mohnblume (S. 48)
Blüten · 46
| 47
+ 20
⋕ 403
Blätter ○ 859
● 861

Schneeglöckchen (S. 49)
Blüten · 2
| 213
+ 214
Blätter ○ 216
● 218

Mohnranke (S. 54/55)
Blüten | 46
+ 20
⋕ 403
Blätter ○ 261
● 262

Blütenborte (S. 58)
Blüten | 305
‖ 307
× 359
Blätter ○ 261
● 262

Klatschmohn (S. 59)
Blüten · 11
| 13
+ 47
‖ 20
⋕ 22
Blätter ☽ 858
○ 859
◑ 861
● 862

Kastanienblüten (S. 64)
Blüten · 2
| 40
oder · 69
| 66
Blätter ○ 875
● 879

Tulpen (S. 65)

Blüten	·	6
	I	8
	+	9
	II	10
	#	13
Blätter	☽	858
	○	860
	●	862

Klatschmohn (S. 70/71)

Blüten	·	46
	I	47
	+	20
	#	403
Blätter	○	859
	●	861

Blütenborte (S. 74)

Blüten	I	35
	+	20
Blätter	○	843
	◑	844
	●	846
Braun	×	360

Literaturverzeichnis

Martha Bernhardt und Katharine Hartung: Moderne Kreuzstichvorlagen für Schule und Haus, Leipzig und Berlin 1922.
Carl Schnebel und Margarete Lang: Kreuzstich, Berlin 1922
Thérèse de Dillmont: Merk-Stich, 1. Serie, Mülhausen/Elsaß o. J. (vermutlich 1904).

Die Verfasserin dankt der Firma MEZ-AG, Freiburg, für die freundliche Unterstützung.

Folgenden Verlagen sei für die Erlaubnis zur Übernahme von Mustern aus ihren Büchern gedankt:

B. G. Teubner Verlag, Stuttgart (aus: „Moderne Kreuzstichvorlagen für Schule und Haus", M. Bernhardt und K. Hartung, Leipzig und Berlin [7]1922): Seiten 13, 42 und 43

Ullstein Verlag GmbH, Berlin (aus: „Kreuzstich", C. Schnebel und M. Lang, Berlin 1922): Seite 10.

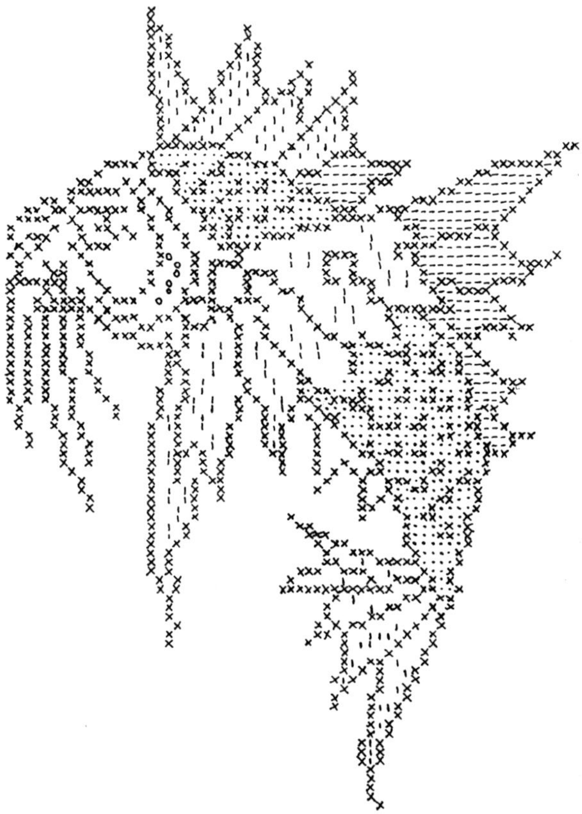

2. Auflage 1989

 ISBN 3-475-52586-0

Dieses Buch erscheint in der Reihe „Rosenheimer Raritäten“ im Rosenheimer Verlagshaus Alfred Förg GmbH & Co. KG, Rosenheim.
Es wurde gesetzt von Utesch Satztechnik, Hamburg, gedruckt und gebunden bei Auer, Donauwörth.
Vorderes und hinteres Vorsatz zeigen ein „Klatschmohn-Muster“. Vgl. hierzu Musterzeichnung S. 32/33.
Die Aufnahmen für die Farbreproduktionen machte Foto Rammel, Rosenheim.
Der Firma Meirandres und Möbel Frank, Rosenheim, sei für die freundliche Unterstützung bei den Fotoarbeiten gedankt.